JN415977

CONCRETE STORY

콘크리트 이야기

한천구 지음

기문당

콘크리트 이야기

2021년 8월 15일 1판 1쇄 발행
2022년 10월 20일 1판 2쇄 발행

저 자 한천구
발행인 강해작
발행처 기문당
주 소 서울시 성동구 무학봉28길 4-1
전 화 02_2295_6171(代)~5
팩 스 02_2296_8188
출판등록 1976.10.7(1-44)
홈페이지 www.kimoondang.com
I S B N 978-89-6225-918-6 93540

* 이 책의 무단 복제를 금합니다.
* 잘못 만들어진 책은 구입처에서 교환해 드립니다.

머리말

정년퇴임을 기념하여 콘크리트와 관련한 수필 「내사랑 콘크리트」를 출판한 지도 어언 3년 남짓한 세월이 흘렀다. 처음에는 망설이기도 하였지만, 인생사에 빗대어 한두 꼭지씩 정리하여 힘닿는 대로 50꼭지를 만듦으로서 이제는 더 이상 들려줄 이야기가 없을 것으로 생각했었다. 그러나 시간이 지나면서 모락모락 콘크리트에 대한 여러 생각이 이어져 그냥 둘 수 없기에 내친김에 50꼭지를 추가하여 「내사랑 콘크리트」의 후속에 해당하는 「콘크리트 이야기」를 출간하게 되었다.

지난번 출판한 「내사랑 콘크리트」는 내가 바쁘기도 하고 편집은 물론, 워드도 칠 줄 모르는 컴맹이라 제자들의 도움을 받았다. 그러나 이제는 석좌교수라고는 해도 정년퇴임을 하고 나니 남는 것이 시간이다. 특히 작년에는 코로나-19 사태로 때로는 학교에 머무르는 것도 여의치 않은 상황이 전개되다 보니 특별한 경우는 제자들에게 도움을 받았지만, 이번에는 워드의 타자에서부터 책의 편집에 이르기까지 많은 부분을 내 손으로 직접 도전하여 완성해 보았다. 그렇다보니 미진한 부분이 있음에도 불구하고 책을 출판하는 것 같아 아쉬움이 있지만, 그래도 뿌듯한 성취감을 느끼는 기분임에는 틀림이 없다.

책의 구성은 전 「내사랑 콘크리트」와 같이 제1장은 콘크리트용 원자재, 제2장은 보통 콘크리트, 제3장은 특수 콘크리트, 제4장은 레미콘 품질관리 및 기타로 분류하여 정리하였다.

이 책은 올해로 한국식 내 나이 70이 되는 칠순을 맞이하여 발표되는 것인 만큼, 우선 40년 이상 알뜰하게 내조를 해준 아내와 훌륭하게 성장하여 모범적인 가정을 꾸리고 있는 딸·아들 가족 모두에게 고맙게 생각하고, 또한, 오늘이 있기까지 나를 도와준 청주대학교 건축공학과 건축재료시공연구실의 한민철 교수, 윤치환 교수, 김 종 교수와 대학원의 여러 졸업생 및 재학생, 학부의 여러 졸업생 및 재학생들의 노고가 컸음에 모두에게 감사한다. 아울러, 이 책이 출판될 수 있도록 교정을 도와준 윤치환 교수, 연구실의 이영화 선생과 그림 등 편집을 도와준 석사과정 임군수 군에게도 감사한 마음을 전한다.

언제나 경제적으로 도움도 못되면서 귀찮은 일임에도 불구하고 이번의 경우뿐만 아니라 본인과 관련한 여러 권의 책 출판을 맡아준 도서출판 기문당의 강해작 사장님 이하 여러 직원 분들에게도 진심으로 고마운 마음을 표하는 바이다.

2021. 08.

우암산 기슭 연구실에서 **한 천 구**

차례

제 2 장 보통 콘크리트

제 3 장 특수 콘크리트

제 4 장 레미콘 품질관리 및 기타

제 1 장

CONCRETE STORY

콘크리트용 원자재

01.

시멘트와 콘크리트의 차이점

서 언

건축·토목 등 콘크리트를 전문적으로 공부한 사람은 그럴 리가 없겠지만, 일반인들이나 언론사에서는 시멘트와 콘크리트를 구분하지 못하고 사용함으로써 안타깝게 생각되는 경우가 있다. 즉, 콘크리트 도로를 시멘트 도로로, 콘크리트로 지은 건물을 시멘트 건물 등으로 잘못 표현하는 경우이다. 따라서 본 고에서는 일반인들도 쉽게 이해할 수 있도록 시멘트와 콘크리트의 차이점에 대하여 설명하고자 한다.

시멘트

먼저 시멘트Cement에 관한 것으로 시멘트의 어원은 라틴어의 부순돌Caeder에서 유래된 것이다. 시멘트란 교착제(膠着材: 결합재)의 총칭으로 여러 재료를 붙이는 역할을 하는 유·무기의 모든 재료를 말한다. 치과 치료에서 치아를 고정시키는 데 쓰이는 재료도 시멘트라고 하지만, 건설공사에서 단순히 시멘트라 하면 콘크리트에 사용되는 포틀랜드 시멘트Portland cement를 지칭한다. 포틀랜드란 용어는 현재 사용되는 시멘트의 색깔이 영국 Portland

지방에서 나오는 자연석의 색깔과 비슷하다고 하여 붙여진 이름이다.

포틀랜드 시멘트는 석회석과 점토를 미분쇄 혼합한 후 1,300~1,450℃의 고열로 녹여 덩어리가 된 자갈 모양의 고용체를 급랭시켜 클링커를 만든 다음 이와 같은 클링커에 소량의 석고를 넣고 미분쇄하는 제조공정을 거친다.

포틀랜드 시멘트는 KS L 5201(포틀랜드 시멘트)에 품질이 규정되어 있는데, 그 종류로는 5종이 있다.

먼저, 1종은 일반 용도에 이용되는 보통 포틀랜드 시멘트, 2종은 수화열이 적게 나도록 원료배합·분쇄 등으로 조정한 중용열 포틀랜드 시멘트, 3종은 수화열이 많고 빠른 강도를 발휘하도록 조정한 조강 포틀랜드 시멘트, 4종은 2종보다 수화열이 더 적게 나오도록 조정한 저열 포틀랜드 시멘트, 5종은 온천지대, 해안가 등 황산염에 의해 피해가 적도록 원료 성분을 조정한 내황산염 포틀랜드 시멘트이다.

5종의 시멘트 중 우리 주변에서 가장 많이 사용하는 것은 1종 보통 포틀랜드 시멘트인데, 이 시멘트에 화력발전소에서 발생하는 부산물로 석탄이 타고 남은 재가 굴뚝으로 날아갈 때 이것을 잡아 혼합해 주게 되면 플라이애시 시멘트, 철을 생산하는 용광로(고로)에서 쇳물 위에 떠 있는 불순물(슬래그)을 빼내어 물로 급속히 냉각시켜 만들어진 모래 형태의 고로 슬래그를 분쇄기로 미분말화한 다음 시멘트에 혼합해 주거나 클링커와 함께 분쇄해 주면 고로 슬래그 시멘트가 된다. 물론 이외도 시멘트는 수십~수백종이 있다.

1) 시멘트 운반트럭
(출처: http://etrucks.co.kr/kr)

2) 콘크리트 운반트럭
(출처: https://solo.sampyo.co.kr)

3) 시멘트 제품

4) 콘크리트로 지어진 아파트

[사진 1.1] 시멘트와 콘크리트

콘크리트

콘크리트Concrete는 라틴어로 '함께 자라는Growing together'이라는 의미의 'Concretus'에서 유래된 말로서 시멘트와 물 및 잔·굵은골재를 주원료로 하고, 경우에 따라 여러 성질을 개선할 목적으로 첨가물인 혼화재료를 넣고 비빈 것으로 공장에서 생산한 것을 차량으로 운반하여 공사현장에 공급하는 것을 레디믹스트 콘크리트(일명 레미콘)라고 하는데, 이것은 시간의 경과에 따라 시멘트와 물의 수화반응에 의하여 굳어지는 성질을 가지고 있다.

그림 1.1과 같이 콘크리트는 시멘트와 물을 혼합한 것을 시멘트 풀Cement paste이라 하고, 여기에 잔골재(모래)를 혼합한 것을 모르타르Mortar, 여기에 굵은골재(자갈)까지 포함한 것을 콘크리트Concrete라고 한다.

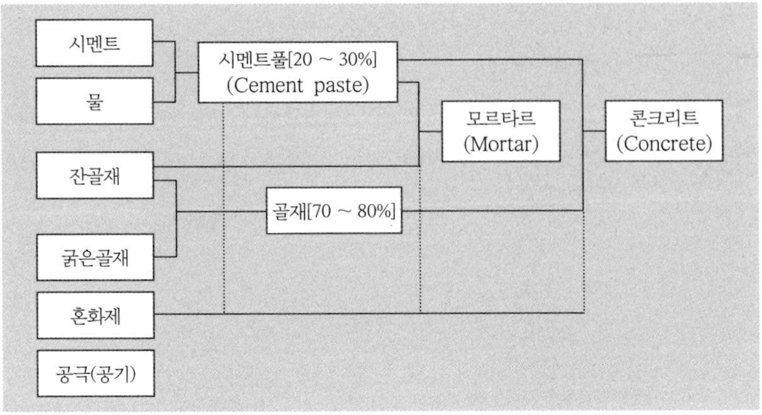

[그림 1.1] 콘크리트 조성

또한, 콘크리트의 성능 향상을 목적으로 강섬유, 나일론 섬유 등 섬유를 넣어 준 섬유보강 콘크리트, 철근을 넣어 준 철근 콘크리트**Reinforced concrete: RC**, H형강 등 철골과 철근을 함께 넣어 준 철골 철근 콘크리트**Steel framed reinforced concrete: SRC**가 있다. 기타 골재를 결합시켜 주는 역할의 결합재로 포틀랜드 시멘트를 이용하는 시멘트 콘크리트 이외에도 아스팔트를 결합재로 이용하면 아스팔트 콘크리트, 합성수지(폴리머)를 이용하면 폴리머 콘크리트, 녹여진 유황을 이용하면 유황 콘크리트 등이 있다.

시멘트를 이용하는 콘크리트의 종류에는 외부 환경에 대응하도록 특별히 고려하는 것으로 추운 겨울철에 타설하는 한중 콘크리트, 더운 여름철에 타설하는 서중 콘크리트, 물 속에서 타설하는 수중 콘크리트, 달나라에서 타설하는 루나**Lunar** 콘크리트 등이 있다. 또한 고품질화 요구에 부응하도록 특별히 고려하는 것으로 유동성을 높인 유동화 콘크리트, 다지지 않아도 스스로 채워지게 하는 고유동 콘크리트, 강도를 크게 하는 고강도 혹은 초고강도 콘크리트, 수명을 길게 가도록 하는 고내구성 콘크리트, 질긴 성능을 갖도록 하는 고인성 콘크리트, 고강도와 고유동 및 고인성을 모두 갖춘 초고성능 콘크리트 등이 있다.

(출처: https://www.crowdpic.net)

[사진 1.2] 콘크리트 구조물

아울러 특수한 목적이나 용도에 부응하도록 재료 및 배합을 특별히 고려하는 것으로 큰 덩어리 상태로 수화열 저감 등을 고려하는 매스 콘크리트, 가볍게 만드는 경량 콘크리트, 무겁게 만드는 중량 콘크리트, 수축하는 일반 콘크리트와 달리 팽창하도록 만드는 팽창 콘크리트, 화재에도 콘크리트가 폭발적으로 떨어져 나감(폭렬)을 방지하는 비폭렬 콘크리트, 물과 접해도 물을 통과시키지 않는 치밀한 조직을 갖는 수밀 콘크리트, 불투명한 콘크리트에 투명성을 부여한 반투명 콘크리트, 인공지능을 도입한 스마트 콘크리트 등이 있다.

특수한 용도로는 댐공사에 이용하는 댐 콘크리트, 도로포장공사에 이용하는 포장 콘크리트, 공장에서 콘크리트 부재를 부품화하여 조립하게 하는 프리캐스트Pre-caste 콘크리트, 강한 철선을 콘크리트에 삽입하고 당겨주는 힘을 작용시켜 주는 프리스트레스트Pre-stressed 콘크리트, 바다 환경에 문제가 없도록 한 해양 콘크리트, 경사지 등 사면을 안정화시키는 용도에 이용하는 뿜어 붙임 콘크리트(숏크리트), 물이 잘 통과하도록 하는 투수 콘크리트, 전기를 통하게 하는 전기전도 콘크리트 등이다.

특히 최근에는 환경문제가 중요시됨에 따라 환경문제를 콘크리트로 해결하고자 하는 환경친화형 콘크리트(에코 콘크리트)로서 질소산화물을 흡수하는 콘크리트, 항균 콘크리트, 저소음 콘크리트, 전파흡수 콘크리트, 습도조절을 하는 조습 콘크리트, 잔디 등 식물이 자라게 하는 식생 콘크리트, 폐콘크리트를 파쇄하여 골재로 만든 다음 이것을 골재로 이용하는 순환골재 콘크리트 등 무궁무진한 종류의 콘크리트가 있다.

결 언

결국, 시멘트는 콘크리트에서 골재를 연결시켜 주는 결합재의 일종이다. 따라서 모래·자갈 등 골재와 시멘트로 만들어진 도로, 건물 등을 시멘트 도로, 시멘트 건물로 지칭하는 것은 옳지 않고, 콘크리트 도로, 콘크리트 건축물이라고 하는 것이 올바른 표현인데, 굳이 시멘트란 말을 넣어서 사용한다면 시멘트 콘크리트 도로, 시멘트 콘크리트 건축물이면 완벽한 표현이 될 것이다.

02.
훌륭한 폐기물 처리장인 시멘트산업

서 언

인간이 생존하는 과정에는 많은 폐기물이 발생한다. 먹고 살기 위한 생활쓰레기 외에도 생활용품 제조과정, 건설용 자재 생산과정, 전기 등 에너지 생산과정, 사회간접자본 구축과정 등 다양한 경로에서 다양한 폐기물이 발생한다. 물론 이와 같은 폐기물은 발생량을 줄이고Reduce, 재이용Reuse, 자기 혹은 타 산업에 재활용Recycling함으로써 최종적으로는 땅에 묻는 폐기물을 제로(0)로 만들고자 하는 제로 에미션Zero emission화 운동도 있다. 그렇지만 아무리 노력해도 현 수준에서는 폐기물 발생을 완벽하게 없앨 수 없으므로 본 고에서는 현실에서 가장 훌륭하게 폐기물을 처리하고 있는 시멘트 공장의 시멘트 제조 산업에 대하여 소개하고자 한다.

원료로의 폐기물

시멘트를 제조하기 위한 원료로는 석회석과 점토가 이용된다. 석회석은 화학적으로 탄산칼슘($CaCO_3$)이고, 점토는 산화규소(SiO_2), 산화알루미늄(Al_2O_3), 산화철(Fe_2O_3) 등을 포함하고 있다. 원료공정에서 미분쇄 후 혼합된 석회석과 점토의 두 혼합물이 소성로(킬른) 내의 고열에서 $CaCO_3$는 CO_2가 기체화되어 날아가는 탈탄산반응 후에 CaO가 되고, 이 CaO가 점토성분과 화학적으로 달라붙어, 즉 3개의 CaO와 1개의 SiO_2가 달라붙은 $3CaO \cdot SiO_2$(약어로 C_3S: A광물이라는 의미에서 Alite), 2개의 CaO와 1개의 SiO_2가 달라붙은 $2CaO \cdot SiO_2$(C_2S: B광물이라는 의미에서 Blite), 3개의 CaO와 1개의 Al_2O_3가 달라붙은 $3CaO \cdot Al_2O_3$(C_3A: 알루미나 광물이라는 의미에서 Aluminate), 4개의 CaO와 1개의 Al_2O_3, 1개의 Fe_2O_3가 달라붙은 $4CaO \cdot Al_2O_3 \cdot Fe_2O_3$($C_4AF$: 철광물이라는 의미에서 Felite)인 4대 조암광물이 된다. 4대 조암광물은 콘크리트 중 시멘트의 수화반응에서 다양한 특성을 나타내는 수화생성물을 만들면서 굳어지게 된다.

따라서 시멘트 원료공정에서 석회석이 기본이기는 하지만 탄산칼슘 원료로 조개껍질, 폐기 대리석 분말, 폐콘크리트 미분말 등이 이용될 수도 있고, 점토 대신으로는 플라이애시, 폐주물사, 각종 슬래그, 도시의 쓰레기 소각재, 하수 슬러지 등이 이용되기도 한다.

연료로의 폐기물

연료로서 전통적으로 시멘트를 1,300 ~ 1,450℃까지 소성하는 데는 석탄인 유연탄이 이용되어 왔다. 물론 석탄이 타고 남은 재는 시멘트의 원료로 활용된다. 그런데 많은 에너지를 요구하는 소성공정에서 석탄 이외에 이용하는 폐기물로는 사진 1.3과 같은 폐타이어, 폐비닐, 폐플라스틱, 폐유, 폐페인트 등이며 경우에 따라서는 전염병 등으로 죽은 동물 사체도 열원이 된다.

석고는 천연석고를 이용하는 경우도 있지만 이 또한 폐기물에 해당하는 탈황석고 및 기타 공업 폐기물인 폐석고도 이용되고 있다.

(출처: http://www.ecofuturenetwork.co.kr)

[사진 1.3] 시멘트 생산에 이용되는 폐타이어

폐기물 처리에 대한 생각

한때는 환경운동가가 시멘트 공장에서의 폐기물 활용을 쓰레기 시멘트라고 하며 폐기물 처리를 문제 삼은 적이 있고, 이를 언론에서는 부정적인 시각으로 보도한 적이 있었다. 비전문가 입장에서 단순히 소각문제만을 고려한다면 그럴 수도 있겠지만, 더 중요한 것은 국가나 지구 전체의 환경적 측면에서 보면 그렇지 않다.

먼저 쓰레기 매립장과 관련한 문제이다. 막대한 양의 쓰레기를 그저 땅에 묻기만 하면 어떻게 하라는 것인가? 쓰레기 매립장 확보, 토양오염문제 등 시멘트 산업이 많은 부분을 해결하고 있지 않은가? 시멘트에서의 폐기물 사용에 따른 환경오염을 우려하는 경우도 있다. 그러나 시멘트 제조과정에서는 우선 고열처리 때문에 생물학적 오염원은 문제시되지 않는다. 중금속 용출 등 오염문제는 시멘트의 경우 용융된 상태에서 고용체로 되어 안전하며, 또한 콘크리트 상태에서는 강하게 고착되므로 문제되지 않는다. 물론 시멘트 제조과정에서도 KS 표준으로 중금속 물질의 함유량 및 용출량을 엄격히 규제하여 생산자들이 그에 따르고 있다.

[화이트리스트 제외] 시멘트업계 일본산 석탄재 사용 논란..업계 "공급 차질 우려"

기사등록 : 2019-08-06 10:55

가 + 가 -

석탄재 산업폐기물 보다는 시멘트 필수 원료...레미콘·콘크리트 업계또 사용
국내산 석탄재 사용량 연 평균 85% 이상..."사용할 수 있는 것은 전부 사용"
전문가들 "일본에 피해주려 우리 산업 피해 강요하는 '아베'식 접근 곤란"

[서울=뉴스핌] 민경하 기자 ="석탄재는 시멘트업계에 가장 중요한 원료 중 하나입니다. 수입을 중단한다면 시멘트 생산도 중단해야 합니다"

(출처: https://m.newspim.com)

[사진 1.4] 일본산 플라이애시 관련 언론 보도

[사진 1.5] 플라이애시

또한, 일제 강점기의 강제징용 배상 판결로 취해진 일본의 수출규제, 백색국가 지정 취소 등에 따른 맞대응으로 한일군사정보보호 협정(지소미아: GSOMIA) 종료와 아울러 일본의 잉여 부산물인 사진 1.5와 같은 플라이애시의 수입을 중단시키는 결과를 초래한 바 있다.

이는 마치 일본에서 방사능에 오염된 쓰레기를 국내로 돈을 주고 들여오는 듯한 일부 언론의 편파적 보도에 따라 시멘트 제조, 폐기물 순환, 유통과정 등의 전문성이 적은 일반 국민들에게 왜곡된 인식을 남기기도 하였다. 그러나 이는 산업구조의 차이로써 일본의 화력발전 부산물인 플라이애시인 경우 콘크리트용 혼화재 및 시멘트의 원료로 사용하고 남는 것을 우리나라에서 수입하는 것으로, 톤당 수 만원씩 받고 시멘트제조용 점토원료로 이용하는 것이다. 물론, 플라이애시를 일본으로부터 받지 않으면 그에 따르는 만큼 우리나라에서 비싸게 팔리는 플라이애시가 시멘트 원료로는 절대 쓰여 질리 없을 것이므로 또 다른 원료를 찾게 될텐데, 전통적인 점토를 이용하게 된다면 점토광산의 개발로 산림 황폐화 및 시멘트 가격 상승을 우려하지 않을 수 없다.

그리고 현재 시멘트 가격을 고려해 보면 40kg 시멘트 2포를 가져가야 겨우 자장면 한 그릇을 먹을 정도로 전 세계에서 우리나라 시멘트 가격이 가장 저렴한 편이다. 어떻게 그렇게 저렴하게 시멘트를 만들 수 있을까? 이는 시멘트 공장의 피나는 노력에 의한 공정혁신뿐만 아니라 막대한 양의 폐기물을 원료 및 연료로 사용하기 때문에 가능한 일이기에 저렴한 비용으로 국가 건설산업에 이바지하는 시멘트업계에 고마워해야 할 일이 아니겠는가?

결 언

다각적 측면에서 다양한 사전조사가 충분히 진행되지 못한 일부 언론의 보도내용과 사회·정치문제, 국민들의 정서가 서로 충돌해서 발생한 결과로 부정적인 인식도 있어 왔다. 즉 일반 국민들은 환경에 좋지 않은 폐기물을 이용하여 제조한 쓰레기 시멘트 또는 방사능에 오염된 일본산 플라이애시를 비싼 돈을 주고 수입하는 것처럼 오해하여 시멘트 생산을 부정적으로 생각하는 경우도 있었다. 그러나 폐기물 재활용은 시멘트 원료로써 손색이 없고, 일본산 플라이애시는 현재까지 방사능 오염에 관하여 전혀 문제시된 바가 없으며, 또한 일본에서 돈을 주는 것이 아니라 돈을 받고 국내로 들여오는 것이다. 그러므로 폐기물을 줄이고, 다시 사용하고, 리사이클링할 수 있는 방법에 있어 시멘트산업은 훌륭하게 그 역할을 수행하고 있으므로 부디 시멘트 산업을 올바로 이해하고 오히려 적극적으로 응원하거나 후원해 주는 것이 바람직한 방향이 될 것으로 사료된다.

03.

저렴한 시멘트는 환경친화적인가?

서 언

우리나라 시멘트 가격은 세계의 어느 나라보다 저렴하다. 즉 생산되는 시멘트는 막대한 양의 천연자원을 이용하고, 미분쇄 단계를 두 번씩이나 거치는 큰 분쇄에너지, 그리고 1,300 ~ 1,450℃로 클링커를 소성하는 고열처리 및 포장, 운반비 등을 지불해야 하므로 비쌀 수밖에 없음에도 불구하고 우리나라의 시멘트는 세계 어느 나라보다 저렴하다. 이와 같이 저렴할 수 있는 이유는 앞 단원에서도 설명한 바와 같이 시멘트 공장의 기술개발, 공정혁신, 국가적 차원의 지원 등 많은 요인이 있지만, 가장 큰 이유로는 많은 돈을 받고 반입하는 원료 및 연료로서의 폐기물 처리비용일 것이다. 그렇다면 저렴하게 생산되는 시멘트 제조과정에서는 폐기물 처리로 많은 양의 CO_2 절감 등 환경친화적인 효과가 발생할 수 있음은 틀림 없는데, 저렴한 시멘트를 이용하여 구조체를 만드는 과정에서도 과연 CO_2 저감 등 환경친화적인 요소로 작용하는가? 본 고에서는 이와 같은 내용에 대하여 고찰해 본다.

(출처: https://www.asiacement.co.kr)

[사진 1.6] 시멘트 공장의 일례

낭비의 사례

건축물의 기초는 지상 부분 구조체의 하중 및 적재되는 모든 하중을 지반에 안전하게 전달해 주는 중요 부재이다. 따라서 지반이 단단하거나 저층 건축물인 경우는 직접 땅에 간단한 구조로도 가능하겠지만, 연약지반에 고층 건축물인 경우는 말뚝 등으로 기초의 깊이를 깊게 하거나 기초판을 넓게 하여 구조체를 안전하게 만들어 주어야 한다.

여기서 연약지반이거나 고층 건축물인 경우는 논외로 하고, 비교적 지반이 단단하고 저층 건축물인 경우로써 그림 1.2의 1)과 같이 벽돌이나 블록을 쌓아서 주택 등을 건설할 경우 벽 부분을 따라 길게 기초를 하는 줄기초를 적용한다. 또한 상가나 오피스 건축물의 경우는 기둥과 보 및 슬래브를 골격으로 하는 라멘Rahmen구조인 경우 기둥 하나마다 기초를 이루는 그림 1.2의 2)와 같은 독립기초를 기본적으로 적용한다. 이와 같은 내용은 교과서에도 그렇게 되어 있다.

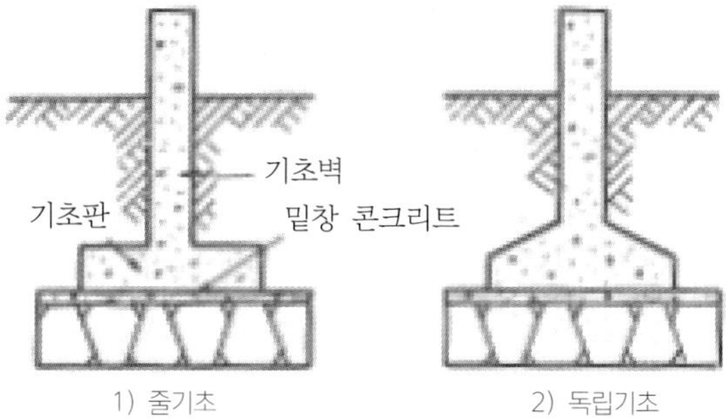

[그림 1.2] 줄기초 및 독립기초

(출처: https://m.blog.naver.com)

[사진 1.7] 건축물 온통기초의 일례

그러나 최근 이러한 건축물 공사의 경우 인건비가 비싼데, 터파기, 거푸집 및 철근 가공이 복잡하고, 공사기간도 오래 걸리며, 또한 건물의 안전성까지 고려한다는 관점에서 건축물 하부 전체를 기초로 하는 사진 1.7과 같은 온통기초를 채택하는 것이 요즘 추세이다. 돈이 조금 더 들어도 쉽게 시공하겠다는 계산인데, 이와 같이 생각하는 이면에는 콘크리트의 가격이 저렴한 것이 크게 작용하고 있다. 즉 기초공사 측면에서 줄기초나 독립기초보다 온통기초로 시공하면 콘크리트 사용량이 2배 이상 소요되어 오히려 시멘트 사용량이 많아지면서 환경친화적이지 못한 결과를 초래한다. 즉 시멘트 1 ton을 생산하는 데 석회석의 탈탄산화 과정 및 고열을 내는 연소과정의 연료에서 0.7 ton 이상의 CO_2가 발생하고, 콘크리트 제조 및 시공과정까지도 포함하면 대략 0.9 ton의 CO_2가 발생되는 것으로 보고되고 있다. 결과적으로 줄기초, 독립기초로 설계 및 시공해야 할 것을 온통기초로 설계 및 시공하게 되면 막대한 양의 CO_2를 발생·배출하게 되는 것이다.

또한, 저렴한 시멘트 및 콘크리트 가격은 지하 터파기한 곳의 벽체구조에도 영향을 미친다. 기본적으로 지하 터파기가 되면 지하 외벽의 경우 철근을 배근하고, 벽 안과 밖에 거푸집을 대고 콘크리트를 타설하고 난 다음, 콘크리트가 굳어지면 거푸집을 제거하고 외벽 부분을 방수 및 단열 처리하고 되메우기를 하였다. 그러나 최근에는 사진 1.8과 같이 외벽 쪽의 거푸집이 사라졌다.

[사진 1.8] 지하 기초공사

콘크리트 가격이 저렴하다 보니 콘크리트가 낭비되더라도 안쪽 거푸집만 대고 외벽 부분은 모두 콘크리트로 부어버리는 것이다. 간편하게 공사한다는 점에서 장점이 될 수 있지만, 터파기한 부분이 반듯하게 직선적이지 않으므로 두꺼운 부분은 수화열 균열문제, 불균일한 두께에 따른 수축 차이에 의한 균열문제, 방수문제, 단열문제 등이 있지만 제일 크게는 콘크리트가 낭비되어 CO_2 절감 노력에는 역행하는 꼴이 되고 만다.

이외에도 공동주택의 경우 우리나라에서는 주택성능등급제 등으로 수평·수직방향의 벽 및 슬래브를 제거하고 변화에 대응하여 공간을 이용하게 하는 등 가변성 있는 구조가 되도록 권장하고 있다. 즉 기둥과 보 및 슬래브로 이루어진 라멘조 시공에 가산점을 주어 장려하는 실정이다. 그러나 우리나라 대부분의 아파트는 라멘조보다 벽과 슬래브로 이루어진 벽식구조 아파트가 시공되고 있다. 벽식구조 아파트가 라멘조보다 시공이 수월하고 가격도 저렴하여 쉽게 바뀌지 않을 상황이지만 벽식구조는 라멘조보다 시멘트나 콘크리트 양이 많이 소요되는 구조이면서 가변성뿐만 아니라 CO_2 저감에 불리하여 국가적으로 라멘조의 설계 및 시공을 아무리 유도하여도 시멘트나 콘크리트의 가격이 워낙 저렴하다보니 대부분 벽식구조를 채택하고 있는 것이 현실이다.

종합 고찰

하나의 구조 및 공법을 단순히 환경친화적이라는 하나의 이유만으로 변화시키기는 어렵다. 시공의 편리성, 공사기간 및 무엇보다 중요한 가격적인 면을 종합적으로 고려하여 결정되는 것이다. 따라서 기초구조에서부터 골조, 마감에 이르기까지 시멘트 및 콘크리트 가격이 저렴함에 따라 현재의 구조 및 공법에도 영향을 미치고 있다. 그러나 국제적인 CO_2 저감 운동과 관련한 환경 문제도 반드시 고려해 본다면 현재와 같이 세계에서 가장 저렴한 시멘트 및 콘크리트 가격을 유지하는 것이 바람직한 일일까? 낭비를 줄이고, 고부가가치적으로 활용하기 위해 일본과 같이 시멘트 및 콘크리트 가격을 약 3배 정도 올리면 어떨까? 아마도 훨씬 고효율적인 구조 및 공법의 콘크리트 활용으로 지구환경문제에도 효율적으로 검토되고 활용될 수 있지 않을까 추측해 본다.

04.
뜨거운 것이 좋은 것만은 아니다

서 언

불타는 듯한 정열의 붉은색 장미나 가을의 붉은색 단풍은 아름다움의 상징이고, 붉은색으로 물든 석양의 멋진 노을 또한 아름다움의 극치이다. 결혼을 앞둔 청춘남녀의 불타는 사랑은 애정의 극치이고, 어려운 환경 속에서 발휘되는 어머니의 자식에 대한 뜨거운 모성애는 말로 표현할 수 없을 만큼 아름다운 사랑이다.

그러나 이 모든 것을 삼켜버릴 듯 타오르는 산불과 건축물 화재현장은 공포의 대상이고, 뜨거운 쇳물을 다루는 극한작업의 현장은 보는 것만으로도 힘들게 느껴진다.

그렇다면 시멘트와 관련하여 막 공급된 뜨거운 시멘트는 신선한 것임에 틀림 없겠지만 과연 콘크리트 품질에 좋은 영향을 미칠 것인지에 대하여는 미지수이므로 본 고에서는 이 부분에 대하여 기술해 본다.

뜨거운 시멘트의 생산

시멘트 생산은 석회석과 점토를 미분쇄·혼합한 원료를 사진 1.9와 같이 고온으로 소성시켜 화학적으로 결합된 용융물을 급랭시킨 클링커에 석고를 넣고 미분쇄한 것이다. 시멘트 분쇄과정 이전에서 클링커를 많이 냉각시킨다고는 하지만 아직도 100℃ 이상을 나타낸다. 미분쇄되어 가루로 된 시멘트Bulk cement는 주로 열차 혹은 사진 1.10과 같은 벌크 시멘트 트럭Bulk cement truck: BCT으로 레미콘공장 등에 운반되어지는데, 성수기인 경우 특히 외기온이 높은 여름철 시멘트의 온도가 얼마 내려가지 않고 80℃ 이상으로 100℃에 육박하는 경우가 있다.

[사진 1.9] 로터리 킬른

[사진 1.10] 시멘트 운반

뜨거운 시멘트가 콘크리트에 미치는 영향

일반적으로 레미콘 생산자의 경우 뜨끈뜨끈한 시멘트는 오래 저장하여 싸늘하게 식은 시멘트보다 신선하기 때문에 품질적으로 나을 것이라는 막연한 생각을 한다. 물론 뜨끈뜨끈한 시멘트는 싸늘한 시멘트보다 신선한 면에서는 맞을 수 있다. 그러나 뜨거운 시멘트를 콘크리트로 제조하는 게 과연 유리할까? '청주대 건축재료·시공 연구실'에서는 이를 확인하기 위하여 실험을 진행해 보았다.

고강도와 일반강도를 발휘할 수 있는 물과 시멘트의 중량비인 물시멘트비(W/C)를 35%와 55%로 하여 시멘트 온도를 20, 40, 60, 80, 100℃로 나누어 실험하였다. 실험 결과 시멘트의 온도가 높을수록 콘크리트의 질기를 나타내는 사진 1.11과 같은 슬럼프 값(밑지름 200mm, 윗지름 100mm, 높이 300mm의 잘라진 원뿔 모양의 용기에 콘크리트를 채우고, 형틀을 벗기면 300mm에서 내려앉은 크기로 숫자가 클수록 질고, 작을수록 된 것임)은 작아져서 작업을 할 수 없을 만큼 굳어지고, 강도 또한 초기보다는 후기로 갈수록 낮아지는 결과를 나타내었다.

결론적으로 시멘트는 온도가 높을수록 콘크리트에 나쁜 영향을 미치는 결과가 되었다. 이는 뜨거운 시멘트에 물이 닿으면 빨리 반응이 일어나 굳어짐에 슬럼프가 낮아진 것이다. 일례로 콩을 볶을 때 저온에서 고온으로 서서히 온도를 조절해주고 잘 저어주며 볶아야지 센 불에 저어주지도 않고 볶으면 겉은 타고 속은 날콩인 것처럼, 고온의 시멘트가 급격히 수화반응을 일으키게 되면 표면의 빠른 수화생성물이 방수층이 되어 시멘트 내부까지 수화반응을 일으키지 못함으로써 강도가 낮아진 것으로 설명될 수 있다.

[사진 1.11] 슬럼프 시험 모습

뜨거운 시멘트에 대한 대책

뜨거운 시멘트의 대책으로는 무엇보다 시멘트 제조공정에서 온도를 낮추려는 노력이 필요하다. 즉 클링커 저장 사일로에서 저장기간을 길게 하고, 분쇄과정에서도 분쇄기 내로 찬공기의 유입량을 증가시켜 온도를 낮추고, 분쇄된 시멘트도 저장 사일로 내의 보관기간을 증가시키는 등 다양한 대책을 강구해야 한다.

납품된 시멘트를 사용하는 경우에도 먼저 납품된 시멘트 및 사용중인 시멘트의 온도를 수시로 체크하고 관리해야 하는데, 고온 시멘트가 납품되었을 때의 대책으로는 고사성어 중 '조삼모사'와 같은 것이므로 반입 즉시 사용하지 말고 사진 1.12와 같은 저장 사일로에 저장해두었다가 시멘트의 온도가 낮아지도록 하는데, 필요하면 사일로의 개수를 늘리는 것도 방법이 될 수 있다. 또한 여름철에는 높은 외기온과 햇빛에 의한 일사 열도 문제가 될 수 있으므로 시멘트 저장 사일로를 백색 또는 은백색의 페인트로 도장하거나 활엽수 등의 큰 나무를 심어 그늘을 만들고, 통풍이 잘 되게 하여 가능한 한 시멘트의 온도를 낮추도록 한다.

생산설비인 배처 플랜트 내에서도 시멘트 저장빈 및 계량설비 부분에 팬Fan 혹은 에어컨 등을 설치하여 조금이라도 온도를 낮추려는 노력이 필요하다.

(출처: https://www.cementsilo.co.kr/)

(출처: https://korean.alibaba.com/)

[사진 1.12] 시멘트 사일로

05.

주객이 전도되었다

서 언

주가 되는 것과 부가 되는 것이 서로 바뀌는 상황, 소위 나그네가 주인 노릇을 하는 격일 때 주객(主客)이 전도되었다고 한다. 레미콘산업에서도 세월의 흐름에 따라 주객이 전도되는 상황이 발생하는 경우가 종종 있음에 본 고에서는 이를 소개하고자 한다.

[그림 1.3] 나그네

혼합시멘트

콘크리트의 강도를 발휘하게 하는 것은 기본적으로 시멘트의 역할이다. 그러나 최근에는 화력발전소의 부산물인 플라이애시나 제철소의 부산물인 고로슬래그 미분말 등을 시멘트의 일부분으로 치환하여 사용하게 되는데, 이것을 레미콘사에서 시멘트의 일부분으로 치환하여 사용하게 되면 혼화재이고, 시멘트에 혼합하여 반입하면 혼합시멘트가 되는 것이다.

(출처: https://newsroom.posco.com)

[사진 1.13] 제철소

혼합시멘트로는 KS L 5211의 플라이애시 시멘트, KS L 5210의 고로슬래그 시멘트, KS L 5401의 포틀랜드 포졸란 시멘트 등이 있지만, 우리 주변에서 쉽게 볼 수 있는 것은 고로슬래그 시멘트 하나뿐이다.

이와 같은 고로슬래그 시멘트에는 1~3종이 있는데, 1종은 전체 시멘트량의 질량비로 고로슬래그가 10 초과 30% 이하이고, 2종은 30 초과 60% 이하이며, 3종은 60 초과 70% 이하로 규정되어 있다. 일반적으로 시중에 유통되는 고로슬래그 시멘트라 하면 2종으로 30~60%인데, 대략 45% 전후의 고로슬래그가 들어 있다. 그런데 아주 심한 경우는 2종 고로슬래그 시멘트에 플라이애시를 20% 정도까지 치환하여 사용하는 경우도 있고, 또한 고로슬래그 시멘트 3종인 경우는 65% 전후가 고로슬래그로서 시멘트보다 혼화재가 절반 이상을 차지하여 결국 주객이 전도되는 경우가 발생한다. 특히 혼화재는 고로슬래그일 때 치환율이 많아질 수 있는데, 도대체 고로슬래그가 무엇이길래 그렇게 많이 치환해도 콘크리트 품질에 문제가 없을지 의문이 제기될 수 있다.

고로슬래그의 발생 및 고로슬래그 시멘트 제조

고로슬래그는 용광로(고로) 속에서 철을 만들 때 발생하는 부산물이다. 즉 용광로 속에서 철을 만들 때에는 먼저 용광로 속에 자철광 등 철광석을 한 켜 넣고, 자연상태에서 산화된 철의 환원 및 열원으로 석탄을 건류하여 만든 코크스를 한 켜 넣은 다음, 철광석 중 철 성분이 아닌 불순물이 잘 떠오를 수 있도록 석회석을 한 켜 넣는 등 시루떡을 만드는 것처럼 쌓아준다. 그다음 여기에 열풍기에서 고온의 바람을 불어 넣어주게 되면 자연상태의 철광석(Fe_2O_3)에 코크스(C)가 산소를 CO 혹은 CO_2 형태로 빠져나가게 하여 환원시켜 주고 나면 밀도가 큰 순수 Fe는 용광로 아래로 가라앉게 된다. 그러나 철광석은 100% 철 성분만을 포함하는 경우는 거의 없고, 암석 성분도 절반 정도 포함하고 있는데, 암석 중에는 SiO_2가 제일 많고, 다음으로 Al_2O_3, Fe_2O_3 등으로 이것이 고온조건에서 석회석과 화합하여 용융되어 쇳물 위에 떠오르게 된다.

이렇게 밀도차에 의하여 구분되고 밑에 가라앉은 철 성분은 고가로 강제조 등에 이용되지만, 상부에 떠 있는 철광석 중 암석 성분과 석회석의 산화칼슘이 화합된 용융물은 폐기물로서 배출되는데, 이것을 고로슬래그라고 한다. 배출된 용융상태의 고로슬래그를 연못과 같은 넓은 공간에서 서서히 식히면 이를 '서냉 슬래그'라고 한다. 이것은 큰 덩어리 상태로 굳어져 있는데, 이것을 크러셔 등으로 파쇄하여 자갈 크기로 만들면 이는 콘크리트용 골재로 이용된다. 반면 용융된 고로슬래그를 용광로에서 배출한 후 즉시 찬물을 끼얹어 급속히 냉각시키는 경우가 있는데, 이것을 '급랭 슬래그' 혹은 '수쇄 슬래그'라고 한다. 이것은 사진 1.14와 같이 모래알 크기의 작은 입자이므로 이것을 시멘트공장으로 가져가 클링커와 석고를 분쇄할 때 함께 넣고 분쇄해 주거나 분쇄된 고로슬래그 미분말을 시멘트에 일정 부분 혼합하여 생산하게 되면 고로슬래그 시멘트가 되는 것이다.

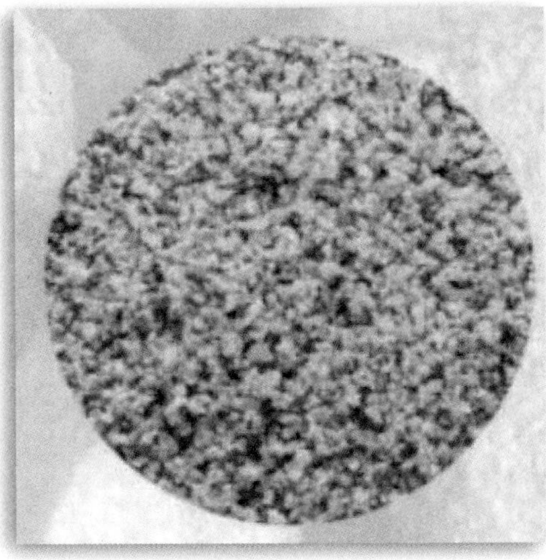

[사진 1.14] 고로 수쇄 슬래그

고로슬래그의 반응성

고로슬래그를 가만히 고찰해보면 석회석과 점토를 소성하여 만든 시멘트와 유사하다. 즉 철광석 중 암석 성분은 점토와 같은 것이고, 슬래그가 잘 떠오르도록 한 켜 넣어주는 석회석은 시멘트를 제조할 때 사용하는 석회석과 동일한 것이다. 그렇다면 고로슬래그란 시멘트와 동일한 성분인데, 고로슬래그 미분말을 물과 함께 섞어주면 시멘트처럼 수화반응이 일어나야 한다. 그러나 유감스럽게도 고로슬래그 미분말이 물과 접하게 되면 얇은 두께의 겔Gel 박막이 입자 표면에 생겨서 이것이 수화반응을 일으키지 못하게 막아주는 역할을 한다. 그런데 만약 이 겔 박막을 깨트려줄 수만 있다면 시멘트처럼 수화반응을 일으킬 수 있는데, 이 겔 박막을 깨는 것은 알칼리 혹은 황산염 등으로 이것들만 있으면 시멘트와 같이 수화작용하는 것이 가능해질 수 있다.

그래서 시멘트가 1차로 물과 반응하게 되면 알칼리성인 수산화칼슘 {$Ca(OH)_2$}이 생기게 되는데, 이것이 고로슬래그 미분말의 겔 박막을 깨주면 고로슬래그 미분말이 시멘트처럼 작용하여 콘크리트의 강도를 발휘하게 되는 것이다. 따라서 이와 같은 고로슬래그 미분말은 수경성을 감추고 있는 물질이라는 의미로 잠재수경성 물질, 이와 같은 반응을 잠재수경성 반응이라고 한다. 시멘트 30% 정도가 수화하는 알칼리라면 70%의 고로슬래그 겔 박막을 깨줄 수 있으므로 고로슬래그 시멘트 3종의 경우 고로슬래그 치환율을 60 ~ 70%까지 주객이 전도될 만큼 넣어주는 것도 KS 표준에서는 허용하고 있는 것이다.

이와 유사한 원리의 응용으로 소위 무시멘트 콘크리트, 지오폴리머 콘크리트 혹은 알칼리활성 콘크리트가 있는데, 고로슬래그의 잠재수경성 원리로 고로슬래그 미분말에 수산화나트륨(NaOH), 수산화칼륨(KOH) 등 강 알칼리를 넣어 골재와 혼합하면 고강도 콘크리트의 제조도 가능해진다. 필자의 경우는 고로슬래그 미분말에 알칼리성인 순환골재(콘크리트 구조체를 해체하여 골재화한 것)를 혼합해 주면 시멘트 없이도 벽돌 강도 정도는 가능한 것을 연구한 바 있고, 여기에 황산염인 화력발전소 부산물인 탈황석고를 정제하여 추가 활용하게 되면 일반강도 영역의 2차 제품까지도 제조할 수 있는 것을 연구한 바 있다. 이는 주객이 전도된 정도가 아니라 이제는 주인을 완전히 몰아내고 객이 주인이 된 결과인 것이다.

06.
놀고 있네

서 언

흔히 일상생활 속에 무의미한 일을 반복적으로 진행하는 사람에게 빈정대는 말로 '놀고 있네'라고 표현한다. 모래와 자갈이 혼합되어 있는 골재를 채취하여 모래와 자갈로 나눈 다음, 이를 콘크리트로 만들 때 다시 섞어주는 작업을 하니 이것이야말로 '놀고 있네'라고 하고 싶지만, 사실은 그렇지 않다. 따라서 본 고에서는 우리가 '놀고 있네'라고 잘못 생각하고 있는 골재의 올바른 활용방법에 대하여 설명해 보고자 한다.

잔·굵은골재의 구분

오래 전 충북의 모 레미콘회사 사장으로부터 질문을 받은 적이 있다. 석산에서 암석을 분쇄하여 잔골재와 굵은골재를 만드는데, "뭐하러 잔골재, 굵은골재를 체로 나눠서 판매하는가? 잔·굵은골재를 한 번에 레미콘공장으로 가져와 레미콘을 생산한다면 골재 생산비용도 싸게 들 것이고, 레미콘사 입장에서는 입자 사이의 빈틈이 적어져 많은 양의 골재운반도 가능하여 효율적이고 편리하지 않겠는가?"하는 것이었다.

한편으로 생각하면 의미 있는 말인 것처럼 들린다. 그렇지만 여기서 제일 중요한 이유는 정확한 품질 확보에 있다. 즉 콘크리트는 채움의 과학과 같은 것이라서 굵은 입자인 굵은골재로부터 가는 입자인 잔골재 및 시멘트에 이르기까지 굵고 가는 입자가 연속적으로 빈틈없이 만들어질 때 유동성, 강도 및 내구성에 이르기까지 모든 품질면에서 가장 좋은 콘크리트가 되는 것이다. 만약, 굵은골재와 잔골재가 섞여서 봉우리 형태로 되어 있는 경우를 가정하면 어느 곳에는 굵은입자만, 어느 곳에는 가는입자만 모여 있는 재료분리가 발생하여 어렵게 배합설계한 정확한 잔·굵은골재의 비율이 되지 않아 결국 목표로 한 유동성, 강도 및 내구성에 문제가 발생할 수 있는 것이다. 그래서 전통적으로 골재를 생산하게 되면 5mm체를 이용하여 잔골재와 굵은골재를 나누어 생산하고, 각각 별도로 레미콘공장으로 운반한 다음 따로따로 계량한 후 믹서 내에서 섞여지게 하는 것이다.

(출처: http://dyremicon.co.kr/)

[사진 1.15] 석산에서의 골재 생산

굵은골재의 번호

잔·굵은골재의 구분과 마찬가지로 재료분리 관점에서는 굵은골재의 구분관리도 필요하다. 예를 들어 80mm 크기의 굵은골재와 5mm 크기의 굵은골재가 섞여 있다면 역시 흘러내린 가장자리 부분의 경우는 굵은 입자, 가운데 일부분은 가는 입자로 분리되어 연속입자가 되지 못하는 상황이 발생한다. 따라서 우리나라 품질관리 기준인 KS 표준(KS F 2527: 콘크리트용 골재) 및 콘크리트 표준시방서에는 석산에서 골재를 생산할 경우 크기가 큰 것을 표 1.1과 같이 1번에서부터 순차적으로 번호를 붙여 제일 작은 굵은골재는 8번으로 관리하고 있다.

그런데 레미콘은 다양한 종류가 있는데, 강도 및 질기(슬럼프)에 따른 종류 이외에도 굵은골재의 최대치수에 따라 구분되기도 한다. 즉 단면이 큰 건축물 기초나 교량의 교각 등 매시브한 구조물인 경우는 40mm(467 골재), 일반구조물인 경우는 25mm(57 골재), 작은 단면의 구조물인 경우는 20mm(67 골재)가 있는데, 467(40mm) 골재라면 4번과 6번과 7번을 혼합하여 만들어지는 골재, 57 골재(25mm)라면 5번과 7번, 67 골재(20mm)라면 6번과 7번을 혼합하여 만들어진 것을 의미한다.

다시 알기 쉽게 설명하면, 우리 주변에서 가장 많이 이용하는 굵은골재 최대치수 25mm 골재는 57 골재라고 하는데, 5번인 13 ~ 25mm 골재와 7번인 5 ~ 13mm 골재를 일정한 비율로 따로따로 계량하여 믹서 내에서 혼합되게 하면 바람직한 굵은골재의 활용법인 것이다. 그 이유는 외국 문헌에 의하면 가장 작은 치수의 3배 이상인 입자가 섞여 있는 경우는 재료분리가 발생할 수 있으므로 이를 관리하기 위함인데, 5mm의 3배는 15mm로서 25mm가 되면 재료분리가 생길 수 있어 5 ~ 13mm인 7번입자의 골재와 13 ~ 25mm인 5번 입자의 골재를 따로따로 보관·계량하여 믹서 내에서 혼합되게 하는 것이다.

그런데 우리나라의 경우 실무에서 활용하는 것을 보면 굵은골재 최대치수 25mm인 경우 57 골재로서 하나로 혼합된 것을 이용하는 경우가 많은데, 이렇게 되면 동일한 비율로 레미콘을 계속적으로 생산하고 있음에도 불구하고 어떤 레미콘 운반차는 너무 질고, 어떤 레미콘 운반차는 너무 되어 관리하기가 어렵고 강도 또한 편차가 크게 발생하게 된다.

[표 1.1] 골재의 입도표준

체의 크기		체를 통과하는 질량백분율 (%)															
골재 번호	체의 호칭 치수 (mm)	100	90	75	65	50	40	25	20	13	10	5	2.5	1.2	0.6	0.3	0.15
1	90 ~ 40	100	90 ~ 100		25 ~ 60		0 ~ 15		0 ~ 5								
2	65 ~ 40			100	90 ~ 100	35 ~ 70	0 ~ 15		0 ~ 5								
3	50 ~ 25				100	90 ~ 100	35 ~ 70	0 ~ 15		0 ~ 5							
357	50 ~ 5				100	95 ~ 100		35 ~ 70		10 ~ 30		0 ~ 5					
4	40 ~ 20					100	90 ~ 100	20 ~ 55	0 ~ 15		0 ~ 5						
467*	40 ~ 5					100	95 ~ 100		35 ~ 70		10 ~ 30	0 ~ 5					
5	25 ~ 13						100	90 ~ 100	20 ~ 55	0 ~ 10	0 ~ 5						
57*	25 ~ 5						100	95 ~ 100		25 ~ 60		0 ~ 10	0 ~ 5				
6	20 ~ 13							100	90 ~ 100		0 ~ 10	0 ~ 5					
67*	20 ~ 5							100	90 ~ 100		20 ~ 55	0 ~ 10	0 ~ 5				
7	13 ~ 5								100	90 ~ 100	40 ~ 70	0 ~ 15	0 ~ 5				
78	13 ~ 2.5								100	90 ~ 100	40 ~ 75	5 ~ 25	0 ~ 10	0 ~ 5			
8	10 ~ 2.5									100	85 ~ 100	10 ~ 30	0 ~ 10	0 ~ 5			
부순 잔골재	5 ~ 0.15										100	95 ~ 100	80 ~ 100	50 ~ 90	25 ~ 65	10 ~ 35	2 ~ 15
부순 잔골재 이외의 잔골재	5 ~ 0										100	95 ~ 100	80 ~ 100	50 ~ 85	25 ~ 60	10 ~ 30	2 ~ 10

* KS F 4009 표 1의 레디믹스트 종류에 따른 굵은골재의 최대치수임

특히, 실무에서는 57 골재를 구분하지 않고 하나로 관리하는 경우보다 더 열악한 상황도 존재하는데, 즉 석산에서 골재를 생산할 때 7번 입자 골재는 투수콘크리트(일명 투수콘) 등의 용도로 5번 입자보다 더 비싸게 판매되므로 조금 더 저렴한 5번 골재만 가져와 이것을 57 골재라 하며 레미콘을 생산하는 경우도 있다. 이 경우는 결국 7번인 5~13mm 골재가 없게 되어 연속입자 분포에 문제가 발생하는데, 이를 갭 그레이딩Gap grading이라고 하여 이런 골재로 레미콘을 생산하게 되면 콘크리트가 재료분리를 일으킬 확률이 높고, 매우 거칠어져 시공성도 나빠지며, 물론 강도·내구성에까지 문제가 생긴다.

따라서 이 문제를 해결하기 위하여 실무에서는 잔골재를 배합에서 더 많이 넣어주는, 즉 잔골재율(S/a)을 높여주게 되는데, 결국 굵은골재보다 잔골재의 가격이 비싸므로 경제적으로도 손해를 보게 되는 것이다. 바둑을 두는 것에 비유하면 회도리(우대까시)와 같이 한 점 혹은 몇 점의 바둑돌을 잡아 좋아하지만 결국 그로 말미암아 대마가 죽게 되어 게임을 망치게 되는 소위 '소탐대실(小貪大失)'의 누를 범하게 되는 것이다.

결 언

결론적으로 실무에서 골재 사용을 굵은골재와 잔골재로 나누었다가 다시 혼합하게 하는 것은 정확한 비율에 따른 양호한 콘크리트의 품질을 확보하기 위함이다. 얄팍한 꼼수를 부리거나, 잘하고 있는 것을 '놀고 있네'라는 식으로 잘못 평가하게 되면 결국은 큰 손해를 볼 수 있으므로 올바른 이해가 있길 바라는 바이다.

07.
찬밥 더운밥 가릴 게 없다

서 언

일반적으로 자재의 공급상황이 좋을 때에는 이것저것 품질을 확인하고 가격을 비교한 다음 가격 대비 좋은 품질의 것을 선택하게 된다. 즉 최소의 비용으로 최대의 효과를 얻는 경제원칙, 가치공학, 가성비 등으로 설명되는 기본원칙에 입각한 선택이다. 그러나 공급이 하나 밖에 없어 선택의 여지가 없는 상황이라 그것 하나만을 쓸 수밖에 없다면 '찬밥 더운밥 가릴 게 없다'라고 하여 원자재의 품질보다는 활용면에서 검토할 수밖에 없는데, 최근 우리나라의 콘크리트용 골재 여건이 이러한 상황임에 본 고에서는 그 대책을 중심으로 기술해 본다.

1) 찬밥
(출처: https://www.junsungki.com)

2) 더운밥
(출처: https://conpaper.tistory.com)

[그림 1.16] 찬밥과 더운밥

최근의 골재 상황

필자가 대학 시절이던 50년 전, 당시 건설재료 관련 서적의 콘크리트용 골재 편을 보면 '골재원 조사'라는 것이 있었다. 주변에 강모래 및 강자갈 자원이 널려 있어서 해당 공사에 가장 적합한 골재원을 찾아 활용하는 것에 대한 내용이었다. 즉 골재원과 관련하여서는 존재하는 양, 품질 및 운반 거리 등을 종합적으로 판단하여 골재 산지를 결정하라는 내용이다. 공급이 충분한 시대에 경제원칙을 따져 결정하라는 것인데, 그야말로 화려한 시대의 이야기인 것이다.

그러나 현재는 어떠한가? 사진 1.17과 같은 양질의 강모래, 강자갈은 고갈된 지 오래이고, 강가 근처의 논·밭에서 채취하던 육지모래, 육지자갈이나 연안 해안에서 채취하는 바닷모래 또한 최근에는 고갈됨으로써 양호한 천연골재는 찾아보기 어렵다. 따라서 양호한 천연골재 자원의 대체골재 자원으로 부각된 것이 석산에서 암석을 분쇄하여 만든 부순모래, 부순자갈이고, 경제적 배타 구역(EEZ)에서 채취한 해사가 대안으로 사용되고 있다. 그렇지만 이 경우도 석산에서 제조하는 부순골재의 경우 허가권자는 산림청으로서, 부족한 콘크리트용 골재원 보충에 관심을 쓰기보다는 자연보호 관점에서 산림 파괴를 막는 것을 우선적으로 고려하다 보니 매년 허가면적이 줄어들고 있는 실정이고, EEZ 해사 역시 허가관청이 해양수산부이다 보니 역시 골재원 보충보다는 어민들의 어족자원 보존 민원에 의해 해사 채취와 관련한 허가물량이 점점 줄고 있는 실정이다.

상황이 이렇다 보니 현재의 콘크리트용 골재는 건축물의 기초 터파기나 터널 공사 등에서 발생하는 토석을 골재화한 것으로 점토 성분을 다량 함유한 부수적 골재, 화강암의 풍화과정에서 입자가 붕괴되는 화강암 풍화토(산성백토: 일명 마사토), 콘크리트 건설물이 수명을 다하고 해체되는 과정에서 콘크리트 덩어리를 분쇄하여 만든 재생골재(품질이 규정에 적합한 양호한 것은 순환골재라 지칭함) 및 각종 산업부산물인 슬래그 골재 등이 콘크리트용 골재들인 것이다.

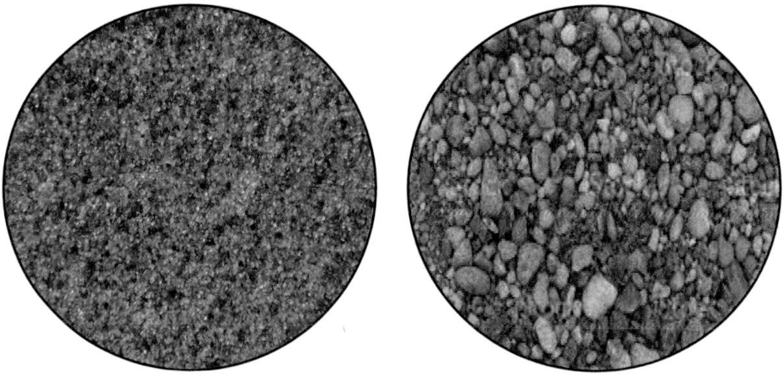

[사진 1.17] 강모래, 강자갈

특히 골재는 중량물이므로 운반비의 비중이 큰 산업이기 때문에 어느 지역에서는 위에서 언급한 여러 골재 중 이마저도 한 가지 이외에는 구할 수 없는 상황이 발생한다. 일례로 다량의 점토가 섞인 골재로서 불량 저품질인 부수적 골재가 고작인데, 쓸려면 쓰고, 말라면 말라는 식이라면 찬밥 더운밥 가릴 게 없고, 죽는 줄 알면서도 불 속으로 날아 들어가는 불나방과 무엇이 다르겠는가?

현 상황에 대한 대책

현 상황에 대한 대책으로는 "세상이 아무리 어려워도 죽으라는 법은 없다"라는 옛날 어른들이 하던 말이 생각난다. 주어진 현 상황이 그렇다면 활용면에서 또 다른 대안을 찾고 대책을 마련하는 것이 방법이다. 각 지역마다 동일한 방법이 적용될 수는 없으므로 가능한 한 여러 방법을 제시해 본다.

(1) 골재원 개발

주변에 나오는 골재가 하나뿐이라면 그것만 바라보고 있어서는 답이 없다. 주변 여건이나 상황을 살펴서 골재원으로 이용할 만한 것이 있다면 관계자에게 개발을 유도하거나 본인이 직접 개발하여 도입할 수밖에 없다.

레미콘공장의 공터를 이용하여 폐암석 등 원료를 보관하고 크러셔를 놓아 자체 해결하는 방안이나 가능한 주변 골재원에 대한 정보를 충분히 확보하고 미래까지도 대응할 수 있도록 설비나 정보망을 갖추는 것이다.

(2) 혼합골재 활용

결함을 가진 하나의 골재원으로 콘크리트를 제조한다면 이만저만한 문제가 아닐 수 없다. 따라서 유동성, 강도 및 내구성 등을 종합적으로 고려하여 현 골재의 문제점인 것에 반대적 품질의 골재를 혼합해 준다면 절반의 문제는 줄어들거나 경우에 따라서는 오히려 상승효과로도 작용할 수 있다. 단일골재보다 2종의 혼합골재가 좋고, 2종보다는 3종의 혼합골재가 좋은데, 레미콘 내에서는 3종 이상의 골재를 혼합하는 것이 설비적으로 곤란한 경우도 있다. 따라서 이와 같은 경우는 공장 형태의 골재 혼합장에서 미리 혼합된 형태로 레미콘공장에 반입시킨다면 가격면이나 생산성, 품질면에서 이익이 될 수도 있다.

(3) 기능성 혼화재료 활용

혼화재료는 비교적 사용량이 많은 혼화재와 소량을 이용하는 약과 같은 혼화제가 있다. 이 중 혼화재로서는 플라이애시, 고로슬래그 미분말 등을 들 수 있는데, 그래도 플라이애시가 경제적일 수 있다. 즉 플라이애시는 형상이 구형이라 유동성 향상에 유효하고, 가격면에서도 저렴하다. 특히 겨울철 소비가 줄어 과잉생산으로 버려지는 것이나 플라이애시 정제과정에서 버려지는 리젝트애시 등은 거의 0원에 가까우므로 잔골재의 일부로 치환하여 활용하면 유동성 향상, 강도 증진, 내구성 향상 등 모든 면에서 품질이 향상될 수 있다. 기타로는 쓰레기 소각장에서 발생하는 정제애시, 시멘트 생산과정의 CKDCement kiln dust, 저품질로 폐기되는 클링커 및 순환골재 생산시 발생하는 분진 등도 활용될 수 있다.

다음으로 혼화제인 경우인데, 기존의 AE감수제인 경우보다 감수성을 높이고, 필요에 따라 점성을 높이거나 혹은 낮추는 등의 조정을 하여 저품질

골재용 AE감수제를 개발·도입하는 방안이다. 의외로 혼화제의 접근은 무궁무진하다. 응결시간을 빠르게 하거나 혹은 늦추거나, 염화물이나 황산염에 대한 저항성을 높게 하거나, 수화열의 촉진 혹은 저감 등 저품질 골재 사용으로 문제가 될 수 있는 모든 성능을 조정해 줌으로써 문제를 효과적으로 해결할 수 있는 것이다.

결 언

현재의 상황에서 대책 없이 저품질의 골재를 사용하면 품질 결함에 의해 레미콘사의 경영에 문제가 생기고, 정상품질의 재료를 고가로 구입하여 사용하게 되면 수지타산이 맞지 않아 이 또한 레미콘사의 경영에 문제가 생긴다. 따라서 찬밥 더운밥 가릴 게 없는 것처럼 저품질 골재만이 유통되는 현 상황에서 레미콘 경영자는 새로운 골재 자원 확보 노력 및 기술개발로 문제를 풀어 나아가는 지략이 진정으로 필요한 시점이 아닌가 생각된다.

이러한 문제는 레미콘사의 단독적인 노력도 중요하지만, 정부에서도 적극적인 정책적 지원 노력이 절실히 필요한 시점이다.

08.
체질 개선

서 언

오늘 아침에도 어김없이 건강밥상으로 식사를 마친 후 종합 비타민과 오메가-3를 먹었다. 저녁에도 역시 건강밥상으로 식사를 마친 후에는 간에 좋은 것과 관절에 좋은 것을 먹게 된다. 옛날 어렸을 적에는 가난하기도 하였지만, 건강하기도 하여 오직 밥 이외에는 아무것도 먹은 적이 없었건만, 세월이 많이 흐른 것 같다. 아마 콘크리트의 경우도 이와 마찬가지가 아닌가 싶어서 본 고에서는 인간의 체질 개선에 잡곡밥과 여러 가지 건강 보조제를 먹는 것처럼 콘크리트의 체질 개선에 활용되는 혼화재료로서 혼화재와 혼화제에 대하여 알아본다.

[사진 1.18] 잡곡밥 재료

잡곡밥과 같은 혼화재

먼저 잡곡밥과 같은 혼화재에 대한 것이다. 필자는 지금도 보리밥을 싫어한다. 어려서 가난한 시절 너무나 많이 보리밥을 먹어 지금도 보리밥만큼은 싫다. 그러나 요즈음은 돈이 없는 것도 아니므로 하얀 쌀밥만 먹었으면 좋겠구먼, 아내는 내 건강을 위하여 언제나 사진 1.18과 같은 현미쌀, 보리쌀, 콩 등 잡곡을 넣은 건강밥상을 마련하는데, 하얀 쌀밥보다는 맛이 없지만 그래도 그냥 그러려니 하고 잡곡밥을 일상으로 먹고 있다.

콘크리트의 경우도 마찬가지이다. 종전에는 모래와 자갈을 굳혀 주는 결합재로 하얀 쌀밥과 같은 시멘트만을 사용하였다. 그러나 요즈음은 특별한 요구로 주문하는 경우를 제외하고는 시멘트만을 사용하는 콘크리트는 거의 없다. 가격을 저렴하게 하는 것이 제일 큰 이유일 수도 있지만 폐기물 자원의 재활용, 세계적인 CO_2 절감에 기여, 부드럽고 잘 비벼지게 하는 시공성 향상, 덩치가 큰 콘크리트(매스 콘크리트) 안에서 발생하는 열을 낮추어주는 수화열 저감, 초기강도는 낮을지라도 후기에는 큰 강도를 발현하는 강도 증진 및 염해, 알칼리골재반응 억제 등 내구성 향상 목적으로 혼화재가 사용된다. 이때 사용되는 혼화재로는 화력발전소에서 석탄을 태울 때 날아가는 재를 잡은 플라이애시, 용광로에서 철을 만들 때 녹은 쇳물 위에 떠 있는 슬래그를 이용하는 고로슬래그 미분말, 페로 실리콘, 실리콘 메탈 등을 고열에서 합금하게 되면 먼지로 날아가는 초미세 입자가 있는데, 이것을 집진한 실리카퓸 등이 있고, 이외에도 천연의 화산재, 석회석 미분말, 부피를 팽창시키는 팽창재, 합성수지계의 폴리머 물질 등 많은 재료의 혼화재가 콘크리트에는 시멘트 대용으로 사용되고 있다.

그런데 이와 같은 혼화재가 앞에 기술한 여러 가지 목적에 적절히 사용되었을 경우는 문제가 없겠지만, 선무당이 사람 잡는다고 무턱대고 가격을 싸게 하기 위한 목적으로 혼화재를 다량 사용한다면 경우에 따라서는 강도저하 및 내구성면의 수명단축 등에도 낭패를 볼 수 있으므로 유의할 필요가 있다.

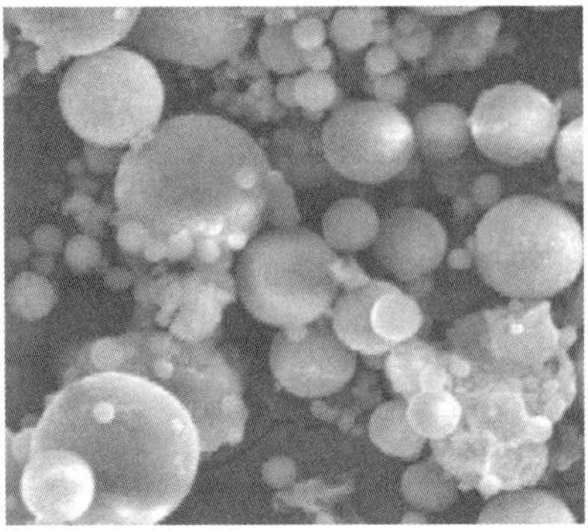

1) 플라이애시

2) 고로슬래그

3) 실리카퓸

4) 시멘트

[사진 1.19] 각종 혼화재료

종합 비타민과 같은 혼화제

다음은 종합 비타민과 같은 혼화제에 관한 것이다. 자고로 비타민은 배가 부르려고 먹는 것이 아니다. 비타민은 건강 개선 등 특수한 효과를 목적으로 먹는 일종의 약인 것처럼 콘크리트에도 특수한 성능을 개선하기 위하여 다양한 약을 사용한다.

먼저, 겨울철 추운 날씨에 물과 함께 콘크리트가 수일, 수개월 및 수년간 얼었다 녹았다를 반복하게 되면 자전거 바퀴 속 튜브에 펌프로 바람을 넣는 것처럼 빵빵하게 부풀어 표면에서부터 균열이 가며 부슬부슬 부서지는 동해를 입는데, 이를 방지하기 위하여 콘크리트 제조 시 AE제라는 약을 소량 넣어 반드시 콘크리트에는 일정량(4.5% 전후)의 공기를 확보해 주도록 해야만 한다. 이외에도 요즈음에는 골재 사정이 워낙 안 좋아 종전보다 물을 많이 넣고 배합해야 할 상황인데, 그렇게 되면 강도저하, 건조수축 균열 등 많은 문제점이 발생할 수 있으므로 소량의 계면활성작용의 약을 넣어 물을 줄일 수 있는 감수제, 더 많은 양의 물을 줄여줄 수 있는 고성능 감수제, 물은 그대로 두고 콘크리트를 질게 만드는 유동화제가 있다. 그런데 이러한 물을 줄이는 약제에 또 다른 기능을 추가 및 복합하여, 즉 감수제에 AE제를 복합하여 AE감수제, 고성능 AE감수제, 콘크리트를 빨리 굳게 하는 AE감수제 촉진형, 늦게 굳게 하는 AE감수제 지연형이 있다.

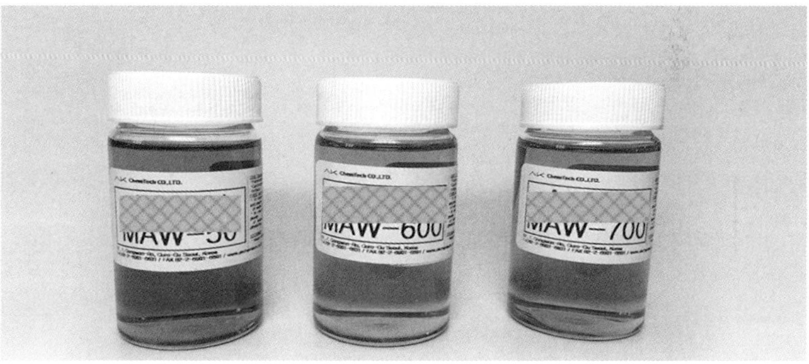

(출처: https://www.akchemtech.com)

[사진 1.20] 각종 혼화제

이외에도 콘크리트에 쓰이는 약으로는 염화물 환경에서도 철근에 녹이 발생하지 않게 하는 방청제, 콘크리트 사이로 물이 통과하지 않게 하는 방수제, 콘크리트 내부에 물을 오랫동안 머금게 하는 보수제, 추운 겨울철에 콘크리트가 얼지 않게 하는 방동제, 어는 온도를 낮추고 일찍 강도를 발휘하게 하여 초기 동해를 방지하는 내한촉진제, 물 속에서 콘크리트를 타설할 때 시멘트 입자가 물에 씻겨나가지 않게 하는 수중 불분리제, 유동성이 높은 콘크리트에서 재료분리가 발생하지 않도록 끈적끈적한 점성을 부여하는 증점제, 시멘트 수화과정에서 수화열이 크게 발생하지 않게 하는 수화열 저감제, 모세관공극을 채워 CO_2 침투를 방지하는 중성화 억제제 등 필요와 목적에 따라 무궁무진한 콘크리트용 혼화제가 개발되고 있고, 또한 활용되고 있다.

결 언

쌀밥에 1식 3찬으로 고정되었던 옛날의 식사문화가 현대에는 건강 잡곡밥에 다양한 반찬 및 건강보조제까지 일반화된 것처럼 레미콘도 그렇게 바뀌었다. 혹자들은 플라이애시나 고로슬래그 미분말 등 혼화재가 치환되지 않은 100% 보통 포틀랜드 시멘트와 강모래, 강자갈에 아무런 혼화제를 넣지 않은 순수한 콘크리트가 제일 좋을 것이라는 착각도 적지 않다.

그러나 밥상문화가 건강밥상으로 바뀐 것처럼, 시멘트에 치환하여 사용하는 다양한 혼화재는 품질 및 경제성 측면에서 받아들여야 하고, 콘크리트의 다양한 체질 개선을 목적으로 혼화제가 반드시 이용될 수밖에 없다는 것도 이해하여야만 한다. 어쩌면 미래의 콘크리트는 이와 같은 혼화제의 개발에 따라 불가능이 가능으로 바뀌고, 상상하지 못했던 영역까지도 확대되는 등 무궁무진한 발전 가능성이 있는 영역이므로 선제적으로 활용성을 연구하고 개발하는 데도 능동적으로 참여하는 자세가 필요할 수 있음에 콘크리트 관계자들은 명심할 필요가 있다.

09.
차갈이 플라이애시

서 언

우리 생활에서 전력은 이제 필수 불가결한 요소가 되었다. 전력을 에너지원별로 분류하면 석탄화력이 40% 전후, 원자력이 30% 전후이고, LNG, 석유, 수력, 신재생 에너지 및 양수발전 등을 포함한 기타가 나머지를 차지한다. 그런데 이중 비교적 발전단가가 저렴하면서 안전한 석탄화력의 경우는 석탄이 연소되는 과정에서 재가 발생하여 이때 공기 중으로 비산하는

(출처: https://imnews.imbc.com)

[사진 1.21] 차갈이 언론 보도

미세먼지나 초미세먼지가 사회적으로 지탄의 대상이 되고 있지만, 타고 남은 재 중 미세한 입자를 집진한 플라이애시는 콘크리트용 혼화재로서 중요한 재료가 된다. 그런데 얼마 전 언론에서는 사진 1.21과 같이 플라이애시 품질문제와 관련하여 플라이애시 정제과정에서 정제하지 않고 차만 바꾸는 식의 '차갈이' 출하가 문제로 제기된 적이 있었는데, 본 고에서는 그 문제와 관련하여 고찰하여 본다.

플라이애시의 발생

플라이애시의 발생은 발전소에 따라 조금씩 다를 수 있지만 일반적으로 그림 1.4와 같이 우리나라의 석탄화력발전은 중국 등 외국에서 유연탄을 배로 수입하여 저장해둔 다음, 0.08mm 이하로 미세하게 분쇄한 후 보일러 속에 뿜어주어 연소시킴으로써 그 열로 물을 끓여 수증기를 발생시키고 이것으로 터빈을 돌려주어 전기를 생산한다.

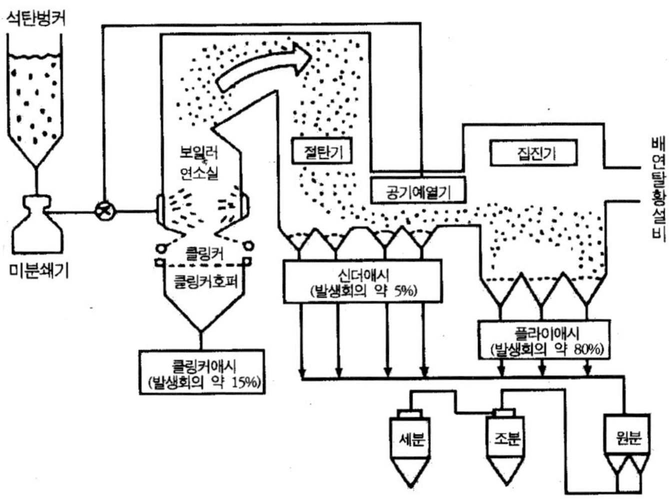

[그림 1.4] 플라이애시의 발생도

석탄의 경우 주성분은 탄소(C)로 구성되어 연소과정에서 $C + O_2 = CO_2$가 되어, CO_2는 기체상태로 없어진다. 그러나 석탄을 채굴하는 과정에 포함된 암석 성분인 돌이나 흙은 어떻게 될까? 주성분은 SiO_2, Al_2O_3, Fe_2O_3 등인데, 석탄과 함께 미분쇄된 암석 성분은 보일러 속에서 타지 않고 고열에 녹아 공기 중 빗방울처럼 둥근 형태로 되어 이것이 재가 되어 굴뚝으로 날려가게 된다. 최초의 화력발전소에서는 이것을 공기 중에 그냥 날려 보냈겠지만, 근래에는 공해문제로 이어지고, 귀중한 자원도 되어 이를 모으는 설비인 백 필터, 전기집진기와 같은 설비로 잡아 모으게 되는데, 이것을 '나르는 재'라고 하여 영어로 Fly-ash라고 한다. 플라이애시 역시 초창기에는 바다를 매립한다든지 하여 버려졌지만, 요즈음에는 이것을 레미콘공장으로 가져와 시멘트량의 10 ~ 30% 정도를 줄이고 이것을 대신 넣어줌으로써 콘크리트의 유동성 향상, 수화열 저감, 초기강도는 낮지만 장기강도는 높아지고, 부분적인 내구성 향상 효과 외에 무엇보다 가격이 저렴하다는 이점 때문에 전국 레미콘회사에서 많이 이용하고 있다.

[사진 1.22] 화력발전소

플라이애시의 정제

플라이애시를 레미콘에 넣어주면 장점만 있는 것이 아니라 단점도 있다. 플라이애시는 시멘트만큼 알칼리성이 아니므로 콘크리트가 중성화되기 쉬워 콘크리트 내부의 철근을 녹슬게 하기 쉬우므로 건설물의 수명을 단축시킬 수 있고, 또한 플라이애시 중 포함된 미연소 탄소분은 겨울철에 콘크리트가 얼었다 녹았다를 반복하면서 피해를 주는 동해방지 목적으로 AE제라는 약으로 공기포를 만들어 넣어주는데, 이 AE제를 흡착하여 공기 발생을 억제시킬 수 있다.

따라서 플라이애시를 레미콘에 공급하는 플라이애시 정제공장에서는 화력발전소에서 원분인 플라이애시를 받아와 바람을 이용하여 익은 벼와 쭉정이를 풍구로 가르는 원리를 이용하여 가는 입자와 굵은 입자로 분리한 다음 가는 입자는 플라이애시로 쓰고, 굵은 입자는 리젝트애시Reject ash라고 하여 폐기처분하는 것이다.

차갈이 문제에 대한 고찰

2014년 10월 14일 국내 주요 TV 뉴스에 "화력발전소 석탄재 '차갈이'로 마구잡이 유통"이라는 보도가 나가면서 국민들의 시선을 사로잡은 사건이 있었다. 즉 석탄재 정제를 눈속임하는 것으로 화력발전소에서 가져온 원분 플라이애시를 정제하는 척하면서 정제하지 않고 차만 바꾸어 레미콘공장에 납품하는 소위 '차 바꿔치기'인 '차갈이'란 표현의 문제를 고발하는 내용이었다.

언론사의 지적이 저품질을 유통시키는 사안에 대하여 옳은 지적임에 시비를 걸자고 하는 것은 아니지만, 한번쯤은 시간이 흐른 시점에서 되돌아보고자 한다. 옛날과 달리 화력발전소에서도 이제는 설비를 보충하여 어느 정도 정제된 다음 출하하고 있고, 원탄 조건 및 운전상태에 따라 다르겠지만 발생하는 플라이애시는 정제를 거치지 않아도 KS 규격의 품질을 만족하는 경우가 대부분이다. 그리고 KS L 5405의 표준도 종전에는 1종, 2종뿐이었지만 현재는 3종, 4종까지도 추가되어 저품질도 이용할 수 있게 되어 있다. 물론 저품질을 고품질로 만들려면 정제설비를 별도로 가동해야 하지만 정제설비를 가동하는 것은 전력소모 면에서 비경제적이고, 최근 문제시되는 미세먼지나 초미세먼지를 발생시키는 원인이 되기도 하여 꼭 좋지만은 않을 수 있다.

결 언

언론 등에서 한 번 지적하면 사회문제화되어 부정적 시각이 따를 수밖에 없는 현실에서 전후좌우를 고려하지 않고 무조건 정제설비를 가동하는 것은 바람직하지 않다고 사료된다. 반입되는 상황에 따라 원탄의 품질을 확인해 보면서 필요에 따라 설비를 가동하는 것이 올바른 품질관리인 것이다.

물론 정제하고 남은 것으로 버려지는 리젝트애시의 처리문제도 매립장에 매립하는 쓰레기로 처리한다면 아까운 자원을 버리는 것이다. 따라서 이와 같은 리젝트애시를 콘크리트용 잔골재로 혼합하여 활용하는 지혜를 발휘한다면 폐기물도 처리하고, 부족한 골재원도 보충할 수 있으며, 콘크리트의 품질도 향상될 수 있는 1석 2조 이상의 효과가 있음을 참고하면 좋겠다.

10.
헐! 어이없다

서 언

국어사전에 의하면 '일이 너무 뜻밖이어서 기가 막히는 듯하다' 라는 표현으로 '어이없다'라고 한다. 요즘 사용하는 말 한마디로 표현하면 '헐!'이 되지 않을까 싶다. 문제는 20년 이상 멀쩡하던 벽식구조 아파트의 발코니 난간벽이 철근도 들어 있었는데, 철근까지 늘어지며 어느 날 균열이 발생한 후 밖으로 밀려 넘어간다면 이런 표현이 맞지 않을까 싶다. 따라서 본 고에서는 이와 같은 상황 발생의 내용이나 원인 규명 및 조치에 대하여 알아보도록 한다.

상황 발생

어느 날 청주의 모 아파트 관리소장으로부터 앞에 설명한 상황과 관련하여 원인 규명 및 조치에 대하여 연구실을 방문하여 자문을 의뢰받게 되었다. 즉 1997년에 준공된 4개 동 448세대 아파트 단지인데, 그중 102동 501호에서 사진 1.23과 같이 발코니 난간 지지대가 외부쪽으로 기울어졌고, 난간 안쪽에는 사진 1.24와 같이 부풀어 오르는 현상이 나타난 것이다. 그것도 20년 이상 아무런 문제가 없다가 최근에 발생한 상황이었다.

[사진 1.23] 발코니 난간 중 지지대 등의 기울임 현상

[사진 1.24] 발코니 바닥 부풀어오름 현상

원인 규명

원인 규명에 관한 사항으로 문제 발생의 원인은 경우에 따라 역사적인 사실을 잘 고찰해보면 도움이 될 수 있다. 즉 우리나라는 지방 도시의 경우 1990년대부터 고층아파트 건설이 시작된 것으로 기억된다. 그런데 이때 아파트의 거실 등 방바닥인 경우는 경량 기포 콘크리트 등으로 차음 및 단열 시공 후 온수난방 파이프를 배관한 다음, 방바닥 미장 마감 모르타르(현장에서는 방통 모르타르라고도 함)를 시공하고 장판 바름으로 마감(현재는 강화마루목, 타일, 석재판 등으로 마감) 시공을 하였다.

따라서 고층부로 미장용 모르타르를 펌프로 압송하다 보니 큰 압력 때문에 어려움이 발생하여 압송을 쉽게 하기 위하여 이전보다 물을 더 많이 타서 사용하게 되었다. 그렇게 될 경우 당연한 결과로 강도가 저하하지만, 이는 큰 문제가 되지 않으나 중요한 것은 마르면서 수축하는 건조수축 균열이 커짐에 따라 바닥 미장 균열로 장판지가 찢어지는 등 하자가 많이 발생하였다. 따라서 이를 해결하기 위하여 우리나라 대다수의 아파트 건설사들은 외국산(중국 등) 저가의 팽창재(CSA계, 석고계)를 구입하여 이용하다가 국내산 저가의 생석회(CaO)계를 이용하게 되었다.

필자에게 자문을 의뢰한 아파트인 경우도 역시 건설 당시 팽창재를 사용하였는데, 아마도 외국산보다 더 저가인 국내산 생석회계를 팽창재로 이용한 것으로 분석된다. 그 이유는 사진 1.25와 같이 팽창을 일으킨 조직을 전자주사현미경(SEM) 사진으로 관찰해보면 수산화칼슘{$Ca(OH)_2$} 결정이 다량 보여지기 때문이다.

[사진 1.25] 발코니 바닥 모르타르의 SEM 사진

즉 생석회계 팽창재를 건조한 환경에 놓이게 되는 거실과 방바닥 미장에만 사용하였다면 문제가 없었을 것으로 사료된다. 그러나 시공사는 생석회계 팽창재의 위험성을 잘 몰랐거나 아마도 발코니에만 다른 배합의 모르타

르를 타설하는 것이 귀찮아서 그냥 방바닥 모르타르를 미장할 때 발코니까지 한 번에 타설하게 된 것으로 추측된다.

그런데 발코니의 경우 상황에 따라 다르겠지만 처음에는 발코니 바닥에 장판지를 깔고 화분을 내어놓는 등 건조한 환경으로 이용하였으나 시간이 지나면서 벽쪽에서 방수결함 혹은 사용 중 부주의로 물이 바닥에 닿기 시작하면서 생석회계 팽창재가 시공 초기에 미수화되었던 부분들이 계속적인 수화작용에 의해 지속적인 팽창으로, 발코니 바닥 미장 부분을 상부로 들어 올려지고, 발코니 벽을 그림 1.5와 같이 수평으로 팽창시켜 새시 하부 벽체에 철근까지 삽입된 콘크리트를 균열 후 밀어내는 현상이 발생한 것이다. 특히 중요한 것은 팽창재 중 CSA계나 석고계와 달리 생석회계는 장기간에 걸쳐 팽창하는 전형적인 특성으로 이러한 문제를 일으킨 것이다.

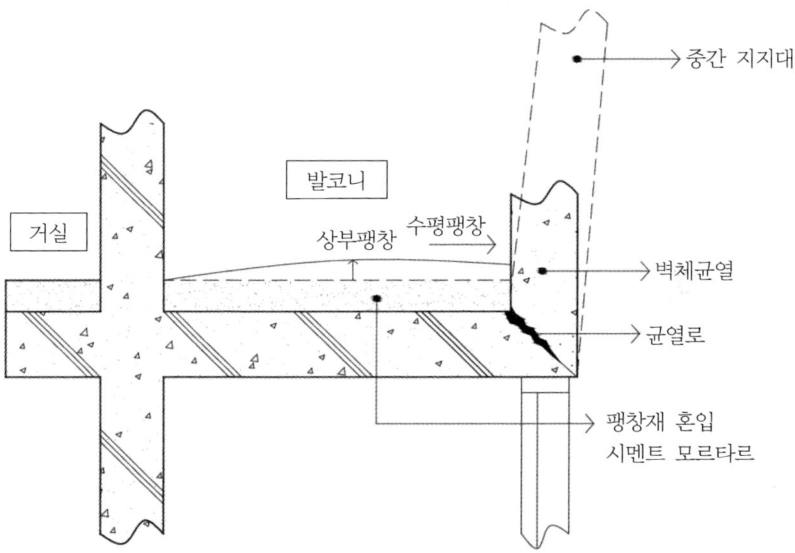

[그림 1.5] 난간 부분 팽창

문제에 대한 조치

문제를 일으킨 부분에 대한 조치로는 제일 먼저 팽창을 일으켜 벽을 밀고 있는 발코니 바닥 미장 부분을 배수도랑식으로 난간 벽체쪽에서 커팅하여 끊어주는 것이다. 이렇게 함으로써 벽을 밀어내는 응력을 제거한 다음, 판단을 해보도록 한다. 현 발코니 바닥 미장을 그대로 사용할 경우는 더 이상 팽창이 일어나지 않도록 하는 방수조치가 필요하다. 그러나 팽창을 일으킨 바닥의 경우 들고 올라와 사용상 장애가 되고 또한 팽창으로 이완된 조직이 강도 및 내구성 면에서도 문제가 된다면 발코니 바닥 모르타르를 모두 제거하고 1 : 3 정도의 시멘트 모르타르로 재시공하는 것이 바람직할 것이다.

밖으로 밀린 벽체의 경우는 팽창력을 제거하더라도 완전히 원위치로는 돌아오지 않고 균열로 남게 된다. 그러나 발코니 난간은 비내력벽이므로 역학적으로 크게 중요하지 않기 때문에 헐고 재시공하는 것보다 균열보수 후 현 상태를 재사용하는 것이 바람직할 것으로 사료된다.

결 언

여러 종류의 팽창재 중에서 생석회계 팽창재는 저렴하면서도 확실한 팽창력을 발휘하는 좋은 점이 있다. 그러나 생석회계 팽창재는 물이 접하는 환경에서는 장기 재령까지도 계속적으로 팽창할 수 있으므로 이점에 신중을 기할 필요가 있다. '헐! 어이없다'는 것은 결국 부주의에서 오는 잘못된 사용의 결과임을 인지하고 어떤 신재료를 선택할 때는 사전에 충분히 검토해야 하는 것이 필수 사항임을 유념해야 한다.

11.
콘크리트에 식용유를?

서 언

세상이 모든 사람이 하지 않는 일을 최초로 수행하는 것은 멍청한 일이거나 혹은 세계적인 발명이 될 수 있다. 즉 별 것도 아닌 당연한 일인데, 그 사실에 대하여 무지함으로써 멍청한 짓을 하는 경우이거나 혹은 아무도 시도하지 않은 경우로 의미 있는 일이라면, 그것을 잘 발전시킨다면 세계 최초의 발견 혹은 발명품이 되는 것이다. 콘크리트에 식용유를 넣는 경우가 그럴 수 있는데, 본 고에서는 그와 관련된 사항들에 대하여 기술해 본다.

왜 식용유?

학생들을 교육하다 보면 외국 문헌을 참조하는 경우가 있다. 청주대학교 대학원 수업 중 콘크리트 내구성론이라는 과목이 있다. 내구성론 중에서도 산, 알칼리, 염 등 화학물질에 대한 콘크리트의 저항성을 다루는 단원으로 이것을 정리해 놓은 일본의 참고문헌을 본 경우가 있는데, 염산, 황산 등 산이나 황산염 등 염에 의한 심각한 침식은 익히 잘 알고 있는 것이지만 상당히 심한 침식에 '대두유', '아몬드유' 등 유지류의 침식작용이 문제시되는 것이 소개되어 있다. 식용유는 요리할 때 사람이 먹는 재료인데, 과연 그게 그렇게 위험한 물질일까? 역시 문헌에 의하면 유지류가 콘크리트를 침식시키는 메커니즘으로 첫째는 지방산의 글리세린 에스테르가 시멘트 경화체 중 수산화칼슘과 반응하여 일으키는 팽창작용이고, 둘째는 기름 중에 포함되어 있는 유기산에 의한 침식작용이 문제였다. 따라서 식용유를 다루는 공장 바닥, 음식점의 주방 등에서는 식용유에 의한 침식에 주의할 필요가 있다고 기술되어 있다.

호기심 발동 및 연구의 출발

식용유에 의한 콘크리트의 침식과 관련하여 추가 문헌을 조사해 보았으나 짤막한 일본 문헌 이외에 전 세계적으로 연구된 바는 거의 없었다. 그도 그럴 것이 식용유가 콘크리트에 혼입되거나 접하는 상황의 경우 실무에서는 거의 발생하지 않으므로 당연한 일일 것이다.

[사진 1.26] 실험에 이용한 각종 유지류

필자는 궁금하면 못 참는 성격이니 이 분야에 대하여 좀 더 연구해 보아야겠다는 호기심이 발동하였다. 우선 시멘트 모르타르 공시체를 제작하여 사진 1.26과 같은 들기름, 콩기름, 옥수수기름, 포도씨유, 올리브유, 돼지기름, 바이오디젤, 유압작동유 등 각종 유지류에 침지시키는 실험을 진행하였다. 실험 연구결과 각종 유지류별 차이는 있었지만, 사진 1.27과 같이 지방 성분이 많을수록 전반적으로 질량이 증가하고, 길이가 늘어나며, 외관상 모르타르 표면에 백색 물질(비누)이 생성되며 붕괴되는 것으로 나타났다.

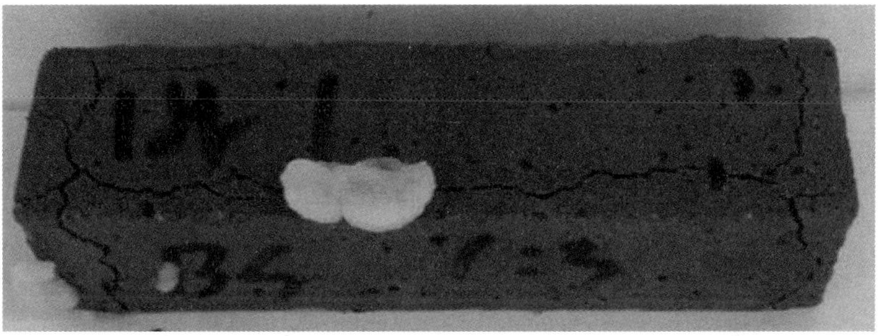

[사진 1.27] 식용유에 의해 붕괴된 모르타르 공시체

결국, 이는 모르타르 내부의 모세관공극 속에 유지류가 침투되어 유지 중 지방산 에스테르와 시멘트 수화물 중 수산화칼슘의 알칼리가 비누화반응을 일으켜 팽창하게 되는 메커니즘으로 분석되었다. 즉 옛날의 경우 음식 요리과정 중 식용유에 튀기는 요리를 하는 경우가 있는데, 튀김에 쓰고 버려지는 식용유는 어찌하였는가? 재에서 물을 내려 소위 알칼리성인 잿물에 식용유를 섞게 되면 빨래용 비누를 만들어 사용했었다. 물론 현재는 NaOH인 소위 양잿물(서양의 잿물이란 뜻)과 유지류를 반응시켜 비누를 만들고 있다. 이는 식용유의 지방분이 콘크리트 속으로 들어가 시멘트와 물이 반응하여 만들어진 $Ca(OH)_2$(수산화칼슘) 알칼리와 반응하여 비누가 만들어짐에 따라 팽창하게 되는 것이었다.

그렇다면 이번에는 양을 줄여 소량의 유지류를 모르타르 및 콘크리트 제조에 혼합하여 모세관공극 속에서 비누화 반응을 일으키게 한다면 어떻게 될까? 이는 콘크리트가 건조되는 과정에서 줄어드는 건조수축 등 균열문제를 해결할 수 있을 것이고, 물이며 염화물, 탄산가스 등 내구성 저해물질의 침입을 막을 수 있을 것이다. 또한, 유지류를 콘크리트 표면에 발라주면 표면만 비누화반응을 일으켜 탄산가스(CO_2) 침투에 따른 콘크리트가 중성화 $\{Ca(OH)_2 + CO_2 = CaCO_3 + H_2O\}$되어 철근 부식으로 이어지는 건설물의 수명단축 문제에도 효과적일 것으로 생각되었다.

식용유에 의한 품질 향상

식용유를 먼저 콘크리트에 혼합하는 실험을 진행하였다. 일반강도 영역에서의 건조수축도 중요하겠지만 문제는 고강도 콘크리트에서의 자기수축 저감이 경제적이고, 기대효과면으로 바람직하여 고강도를 대상으로 하였다. 즉 여러 고강도인 배합조건에서 콩기름, 참기름, 들기름, 옥수수유, 포도씨유, 올리브유와 경제성을 고려한 폐식용유, 수축저감제 및 팽창재와 비교 실험을 진행하였다. 모든 유지류에서 수축저감 효과가 우수하였지만 제일 큰 효과는 지방 함유량이 많은 콩기름이었고, 성능이 약간 떨어지긴 했지만 폐식용유도 비슷한 성능이었다. 따라서 결론은 폐기물 처리도 되면서 경제적인 방법으로 폐식용유를 이용하는 것으로 하였다. 그런데 폐식용유를 콘크리트에 혼합시켜 주면 기름이 물 위로 뜨는 등 잘 혼합되지 않을 것이 의문이었고, 실험에 의하면 유동성, 공기량 및 강도가 저하하는 것이 문제점으로 제기되었다. 그 이유는 AE제와 식용유의 반응으로 공기량 감소 및 시멘트 알칼리와 지방산 에스테르 간의 빠른 반응으로 비누를 만듦으로써 나타나는 문제점이었다.

그렇다면 유지류를 물에 골고루 분산시키며 얇은 막으로 감싸주어 느리게 반응하여 느린 비누화가 이루어지도록 할 필요가 있었다. 따라서 폐식용유를 깨끗이 걸러주는 정제과정을 거친 후 유화제를 섞어 유화처리한 다음 혼합된 콘크리트에 후투입하는 방법을 채택하였다. 이렇게 함으로써 유동성 저하, 강도저하 등 문제점을 해결하고 결국 팽창재나 수축저감제보다 고강도 콘크리트의 자기수축 등 수축문제를 가장 저렴한 가격으로 양호하게 해결하는 방법이 고안되었다.

더 나아가 이와 같이 유화처리된 폐식용유를 콘크리트 표면에 발라 표면에서 일정 두께만큼 콘크리트 속 알칼리와 유지류가 반응하여 비누를 만들게 해줌으로써 중성화에 문제가 되는 CO_2의 침투를 억제하고자 하는 연구를 진행하였다. 정제된 폐식용유, 시중품인 중성화 억제재인 변성 규산염계 도포제 및 무도포와 비교 실험하였는데, 예상했던 대로 유화처리된 정제 식용유ERCO: Emulsified refined cooking oil에서 가장 우수한 성능이 입증되었다.

결 언

폐기물인 폐식용유를 정제·유화처리하여 고강도 및 일반강도 콘크리트에 넣어주면 콘크리트 내부의 알칼리와 반응하여 비누를 만들어 공간을 메워줌으로써 각종 수축균열을 막을 수 있다. 이것을 도포 또는 혼합 시에는 중성화, 염해 등을 방지하여 콘크리트 수명을 연장하고, 노출 콘크리트에 빗물 등이 닿더라도 방수도 되면서 스스로 비누로 청소를 해주는 자기세정 효과까지 있는 우수한 혼화제 개발을 완료하게 되었다.

이러한 노력에도 불구하고 실무 현장에는 홍보가 잘 되지 않아 활용하지 못하고, 어렵게 연구된 좋은 기술이 사장되고 있는 것이 안타깝게 생각된다. 아무쪼록 이 글을 보는 누군가가 필자의 뒤를 이어 이 기술을 세계적으로 널리 홍보하여 콘크리트 품질 향상에 효과적으로 기여되기를 기대해 본다.

12.
버려지는 물도 귀중한 자원

서 언

이 세상의 많은 재료 중에서 물을 이용하여 굳어지게 하는 것으로 가장 많은 양을 차지하는 것은 아마도 콘크리트일 것이다. 콘크리트는 모래, 자갈의 골재를 시멘트와 물로 반죽한 풀(시멘트 풀)로 붙이는 공법인데, 콘크리트의 경우 무한한 자원 및 저렴한 가격의 원료로 만들어지는 것이면서 그 어떤 건설재료보다도 강도나 내구성이 우수하여 많이 사용하는데, 여기에는 물도 당연히 많이 이용된다.

그런데 이렇게 제조된 콘크리트는 일정 시간이 지나면 굳어지기 때문에 레미콘을 제조하기 위한 각종 설비라든가 운반차량의 경우는 유지관리 목적상 일정 작업이 완료되면 반드시 세척해 주어야만 하는데, 이 또한 막대한 양의 물이 필요하다. 따라서 만약 세척해낸 물을 하수구에 버린다면 엄청난 자원 낭비이고, 공해의 요인이 될 수 있음에 본 고에서는 이와 같이 버려지는 세척배수를 레미콘 생산 용수로 재활용하는 것에 대하여 기술해 본다.

레미콘 생산에 필요한 물

예로부터 물은 무한자원으로 알려져 공짜라고 하는 생각을 많이 하게 되었다. 즉 우리가 흔히 낭비가 심한 경우를 표현할 때 'OOO을 물 쓰듯 한다'라고 하는데, 이제 이런 개념은 옛말이 되고 있다. 일례로 소매점에서는 석유보다도 비싼 가격으로 물을 팔고 있는데, 국내산뿐만 아니라 알프스산 물까지도 팔고 있으니 희한한 일이다.

단, 레미콘에 사용하는 물은 그렇게 고품질이거나 고가는 아닐지라도 그 사용량이 막대하다는 것이 중요하다. 즉 레미콘 1m^3를 제조함에 있어 대략 200 L(200kg) 정도가 소요된다. 소위 20 L 한 말 통이 10개인데, 레미콘 1대가 6m^3니까 물이 1,200 L(1.2 ton)가 되고, 1일 하나의 레미콘공장에서 레미콘 출하량이 1,000m^3라고 하면 200,000 L로 약 200 ton의 물을 사용하게 되는데, 이것을 한 달 또는 1년의 소비량으로 환산하게 되면 막대한 양이 된다. 따라서 레미콘에 사용하는 물은 상수도, 공업용수 등의 이용도 가능하지만 대부분은 경제적인 관점에서 지하수나 회수수를 이용하게 된다.

레미콘 회수수

레미콘공장에서 발생하여 버려지는 물인 배수로는 크게 분류하면 공정배수와 비공정배수로 나뉜다. 공정배수는 레미콘 생산설비인 배처 플랜트(B/P) 세척수, 레미콘 운반차인 애지테이터 트럭 내부 혹은 외부 세척수, 품질 불량으로 반품되어온 레미콘의 처리수로서 대략 80 ~ 95%가 발생하고, 기타 비공정배수 및 잡용수가 5 ~ 20%를 차지한다.

이렇게 발생한 배수 중 제일 많은 것은 역시 사진 1.28과 같은 애지테이터 트럭 내부의 세척수인데, 옛날에는 레미콘 출하가 끝나면 1일 1회로 한 번만 세척하던 것을 최근에는 노조 문제와 연관되어 소위 지입차량(레미콘 차량 한대 한대가 사장임)이 대부분을 차지하다 보니 장비관리 목적상 1회의 운반이 완료되면 즉시 세척하는 경향으로 바뀌어 세척 시 배출되는 세척배수는 어마어마하게 증가하였다. 따라서 우리나라의 레미콘공장에서는 이렇게 발생하는 세척배수를 그대로 하수도에 버리는 경우는 거의 없고, 이것을 레미콘 차의 세척수 및 레미콘 생산에 필요한 물로 재이용하고 있다.

이와 같은 세척배수의 구성은 대략 95%가 물이고, 잔골재가 4%, 굵은골재와 시멘트는 대략 1% 정도를 차지한다. 따라서 이것을 이용할 경우 세척배수를 회전하는 둥근 망체로 굵은골재와 잔골재를 골라내어 이것을 골재로 다시 이용하고, 미세한 모래 입자와 시멘트를 포함하는 물이 남게 되는데, 이것을 회수수(回收水)라 한다. 따라서 각 레미콘공장에서는 이와 같은 회수수를 보관하는 커다란 탱크를 마련하고 미립자가 가라앉지 않도록 저어주면서 보관해 두었다가 레미콘 차 세척이나 레미콘 생산에 일부를 재이용하게 된다.

(출처: LH공사 공장점검 매뉴얼 내지(2권))

[사진 1.28] 레미콘공장의 드럼 내부 세척설비

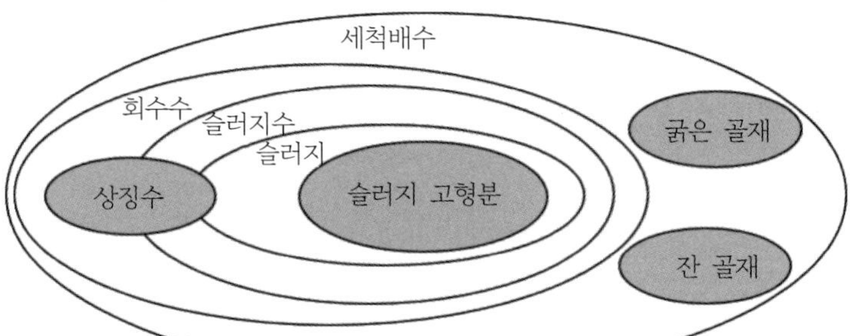

[그림 1.6] 회수수 관련 용어

그런데 만약 이와 같은 회수수를 레미콘 생산에 물의 일부로 재활용한다면 콘크리트의 품질은 어떠할까? 문제는 물 속에 있는 미세 모래와 시멘트인데, 미세 모래가 점토처럼 미세한 것이 아니라면 콘크리트의 공극을 메워주어 강도나 내구성에 도움을 줄 수도 있지만, 문제는 시멘트 입자이다. 세척한 회수수를 즉시 레미콘 생산에 필요한 물로 이용한다면 적은 양일지라도 시멘트를 더 넣어주는 효과를 내겠지만, 시간이 경과하여 시멘트가 수화반응을 일으키고 난 다음이라면 문제가 아닐 수 없다. 즉 수화반응을 일으킨 시멘트의 경우 입자는 커지고 모양도 다공질로 좋지 않아 콘크리트의 유동성, 강도 및 내구성에도 악영향을 준다. 따라서 우리나라 KS F 4009(레디믹스트 콘크리트)의 부속서 2에는 회수수의 사용규준을 정하고 있는데, 슬러지 고형분(회수수를 말렸을 때 남는 고체상의 덩어리) 양을 시멘트 중량에 3% 이하가 되도록 하여 사용하도록 규정하고 있다. 특히, 표준시방서의 경우 종전에는 고내구성 콘크리트나 고강도 콘크리트인 경우에는 회수수를 사용하면 안 되도록 규정하고 있었다.

회수수의 효율적 활용

콘크리트 품질에 악영향을 미치는 요인을 개선할 수만 있다면 오히려 회수수의 활용이 콘크리트의 품질 개선에 기여할 수도 있을 것이다. 소위 꿩 먹고 알 먹고, 도랑치고 가재 잡고 등 일석이조가 가능한 일이다. 문제의 해결은 시멘트가 수화반응을 일으키기 이전에 회수수를 신속하게 사용하거나 시멘트의 수화를 아예 장시간 늦추는 것이다. 그런데 시스템적으로 회수수 사용을 아무리 빨리해도 한계가 있다. 가장 문제는 밤에는 레미콘 출하를 하지 않으니 이것은 접근할 수 있는 방법이 아니다. 따라서 가장 가능한 방법은 시멘트의 수화를 늦출 수 있는 약을 이용하는 것이다. 레미콘 운반을 마치고 애지테이터 드럼 내부를 씻을 때 시멘트의 응결을 하루 혹은 이틀 정도 지연시킬 수 있는 약을 이용하는 방법이다. 이와 같이 시멘트의 수화반응을 늦출 수 있는 약으로는 문헌상 수십 종류가 있는데, 문제는 늦추는 성능과 가격과의 상관관계이다. 가장 저렴하면서도 확실하게 하루 이틀 시멘트의 수화를 늦출 수 있는 약!, 필자의 많은 연구 끝에 얻은 결론은 설탕이다. 즉 커피를 마실 때 커피에 넣어주는 각설탕으로 애지테이터 드럼 1대를 씻을 때 5g 정도의 소량을 넣어주면 사진 1.29에서 보는 바와 같이 시멘트의 수화반응이 하루 이틀 정도 늦어져, 결국은 회수수를 이용할 때 콘크리트의 품질이 오히려 좋아지는 신의 한 수가 되는 것이다. 유감스럽게도 아직은 아무도 활용하지 않고 있는 것으로 알고 있는데, 전 세계적으로 이와 같은 기술을 이해하고 모두 활용하는 날이 하루속히 오기를 진심으로 기대해 본다.

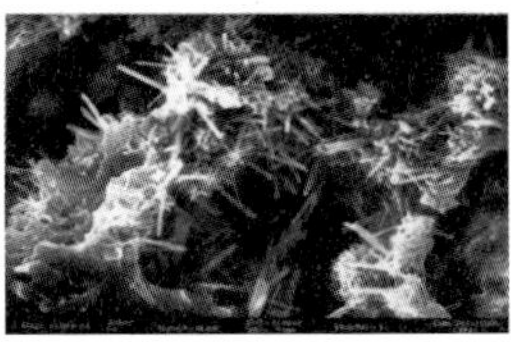
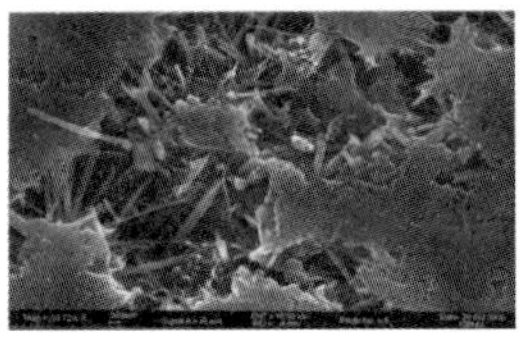
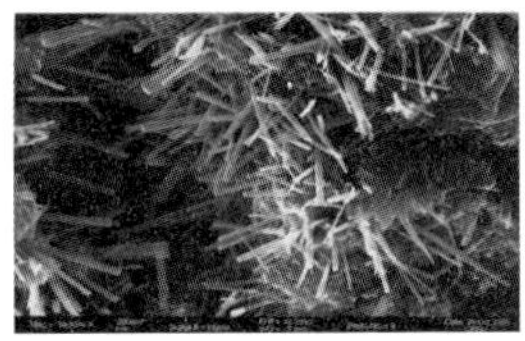

24시간 방치 48시간 방치 72시간 방치

1) 안정화제 무첨가

24시간 방치 48시간 방치 72시간 방치

2) 안정화제 0.15%

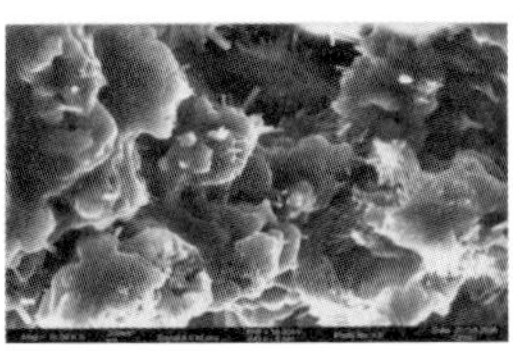

24시간 방치 48시간 방치 72시간 방치

3) 안정화제 0.3%

[사진 1.29] 회수수에 안정화제 처리에 따른 시멘트의 수화 현상(SEM 사진)

제 2 장

CONCRETE STORY

보통 콘크리트

01.
레미콘 8.5제

서 언

필자가 처음 건설공사에 입문하였을 때인 1970년대에는 건설공사의 특징으로 해가 뜨면 일을 시작하고 해가 지면 일을 끝냈는데, 비가 와야 쉬는 날이지 추석이나 설 명절을 제외하고 주말이며, 일요일, 국경일 등 휴일의 개념은 없었다. 물론 공정이 늦어져서 돌관작업이라도 할 경우에는 횃불을 켜들고 철야작업도 마다하지 않았는데, 레미콘의 경우도 새벽녘인 조출부터 시작하여 현장작업에 맞춰 밤을 새워가며 출하한 적도 있었다.

그러나 우리나라의 경우 GNP 상승으로 삶의 질 향상에 발맞춰 건설현장에서는 일요일의 휴무가 도입되었고, 토요일까지도 쉬는(경우에 따라 격주 휴무) 주 5일제가 정착되었는데, 이에 따른 추가 변화로서 레미콘산업에서는 저녁이 있는 삶을 모토로 하여 2016년부터 사진 2.1과 같은 레미콘 8.5제가 이슈화되어 전국적으로 시행하게 되었다.

8.5제의 의미

8.5제란 1일 근무시간을 오전 8시에 출근하여 오후 5시에 퇴근하는 것으로 일반 공무원들의 9시 출근 6시 퇴근보다는 1시간 앞당겨진 것이다. 즉 오후 12시부터 오후 1시까지 1시간을 점심시간으로 제하면 1일 8시간 근무

인데, 주5일 근무까지도 고려하면 주 40시간을 근무한다는 의미인 것이다.

예전보다 전체적으로 근무하는 시간이 줄었으니 레미콘 운전기사는 일시적으로 수입이 적어졌을지라도 아침, 저녁으로 여유시간이 생겨서 그야말로 아침, 저녁 식사를 가족과 함께 할 수 있고, 주말의 여유도 즐길 수 있으니 인간의 존엄성 측면에서는 참으로 바람직한 변화가 아닐 수 없다. 결국 후진국이나 개발도상국에서 탈피하여 선진국으로 가기 위한 당연한 변화인 것이다.

레미콘운송총연합회 회원들, 3월부터 8·5제 시행놓고 '시끌'

승인 2017.03.09 16:58 | 댓글 2

청주지역운송연합회, "덤핑·불량시공 없앨것"
레미콘社, "공기 지연·순차적 도입해야"

위 사진은 기사와 관련이 없습니다 / 뉴시스

[중부매일 서인석 기자] 청주·세종·부강지역 레미콘운송총연합회 회원들이 3월초 부터 건설현장에서의 열악한 근무여건 탈피와 레미콘 덤핑 근절 등을 위해 8·5제(오전 8시 출근, 오후 5시 퇴근)를 도입, 시행하고 있다.

이로 인해 각 건설현장의 공기 지연과 함께 공사비 증가가 예상되면서 운송연합회 회원들과 레미콘사들이

(출처: httpwww.jbnews.comnewsarticleView)

[사진 2.1] 레미콘 8.5제의 언론기사

8.5제에 따른 변화

레미콘 8.5제는 레미콘만의 문제가 아니다. 레미콘이 없으면 펌프카가 현장에 있을 필요가 없고, 콘크리트 타설공이나 관리자까지도 있을 필요가 없는 등 현장작업에 큰 영향을 미치고 나아가 건설 관련 모든 직종에도 영향을 미친다.

단, 레미콘사의 입장에서 오전 8시에 레미콘을 트럭에 싣고, 오후 4시 59분까지 배차를 하다 보니 하루에 생산 가능한 물량이 정해지므로 무리한 수주를 하지 않게 되고 전체적인 콘크리트 물량이 어디로 가는 것이 아니다 보니 매일 균등한 물량 생산으로 어느 정도 품질 향상에도 기여할 수 있게 되었다. 또한 레미콘 운전기사의 경우는 물량은 변함이 없음에 큰 차이는 아닐지라도 야간 혹은 휴일수당이 없어 수입이 줄어든 경우도 있지만 이에 대한 대안으로 운반비 인상을 요구함에 따라 그것이 레미콘 단가에 반영되면 결국 8.5제 시행이 레미콘 운전자들 입장에서는 큰 문제가 없을 것으로 생각된다.

8.5제에 따른 건설사의 대응

레미콘 8.5제가 시행됨에 따라 가장 크게 영향을 받는 곳은 건설공사를 진행하는 시공사 입장이다. 물의 흐름과 같아 상황을 되돌릴 수는 없으니 하루속히 기술 개발, 제도 개선, 의식 변화 등으로 대책을 마련하지 않으면 안 될 것인데, 필자가 생각하는 몇 가지 방법을 제안하면 다음과 같다.

첫째로 공기지연의 문제이다. 기본적으로 시공 중인 공사는 발주기관으로부터 공기연장을 신청하여 기간을 확보하고, 계획 중인 공사는 충분한 시간을 가지고 세심하게 설계에 반영토록 해야 하는 것이 기본이다. 레미콘 8.5제는 충분한 이유가 되는 사안인 만큼 반영될 수밖에 없을 것이다. 또한 건설현장에서는 자체적인 노력도 필요하다. 콘크리트 물량이 많을 경우 분할 타설 계획을 세우거나 복수 레미콘사의 레미콘 반입 혹은 더 많은 펌프 및 타설공을 수배하여 계획한 기간 내에 타설을 완료하도록 해야 한다.

특히, 타설물량이 많은 기초 매트 매스 콘크리트가 문제로 될 수 있다. 만약 1일 타설 가능 물량이 전체 소요물량보다 작을 경우는 수평으로 분할하여 타설할 수밖에 없는데, 하룻밤을 쉬고 바로 이어서 다음날 타설하게 되면 전날 타설한 하부의 콘크리트가 굳어지면서 발생하는 수화열에 하부 콘크리트가 늘어나는데 비해 상부 콘크리트는 당일 타설하였으므로 강도도 안 나면서 수화열도 없으니 하부 콘크리트의 영향을 받아 상부 콘크리트가 찢어지는 수화열 균열이 나타나기 마련이다. 따라서 하부 콘크리트를 치고 수화열이 식을 때까지 기다렸다가 상부 콘크리트를 타설할 수밖에 없는데, 이때는 상하부 콘크리트가 일체화되도록 미리 타설하는 콘크리트에 전단보강 철근을 고려해서 넣어주어야 함에 따른 비용 증가 문제나 열이 식는 시간 동안의 공기지연 문제를 막을 수 없다.

(출처: http://www.koscaj.com)

[사진 2.2] 레미콘 타설 현장

이때의 효과적인 대응으로는 국토교통부 신기술 제353호인 '백설탕 액, PEO 증점제, AE제를 일정 비율로 혼합한 당류계 초지연제슈퍼리에: **Super retarding agent**의 합성어의 응결 시간차를 활용한 수평 분할타설 건축기초 매스 콘크리트의 수화열 조정공법'을 도입하면 해결할 수 있다. 이 공법은 하부 콘크리트를 타설할 때 당류계의 지연성능을 갖는 초지연제를 소량 넣어 줌으로써 다음 날 타설할 때까지의 시간 동안 하부 콘크리트가 굳어지지 않고 있다가 상부의 콘크리트를 부어 넣을 때 일체화되어 함께 굳어지도록 하는 방법이다. 따라서 이 공법은 전단보강근이 없어도 되고, 공기지연도 적으며, 균열 또한 전혀 발생하지 않는 세계에서 최초로 개발된 우리나라만의 신공법인 것이다.

두 번째로는 공사비 상승 문제이다. 당연한 일이지만 공사기간이 늘어날수록 공사비는 증가하고, 8.5제 시행으로 레미콘 단가가 상승하면 당연히 공사비도 증가한다. 더욱이 콘크리트 타설의 경우도 펌프카 1대면 되던 것을 2대를 쓴다든지, 콘크리트 타설공도 1개 조면 될 것을 2개 조로 운영해야 한다면 당연히 공사비는 상승할 수밖에 없다. 따라서 이 또한 공사 중인 경우는 공사비 인상에 따른 계약 변경으로 인플레이션을 고려하는 에스컬레이션Escalation을 적용하여 인상해야 할 것이고, 계획 중인 공사도 당연히 이 부분까지 고려하여 충분한 예산을 확보하도록 해야 할 것이다.

결 언

건설공사 현장도 인간의 삶을 중요시하는 선진화는 당연히 받아들여야 할 일이다. 레미콘 8.5제 시행을 계기로 건설공사의 공기 및 예산면에서 반드시 재검토되어야 하고, 건설사 자체적으로도 새로운 기술인 신공법 도입 및 개발을 게을리하지 말고 모든 산업보다 선도적으로 이끌어나간다는 생각으로 능동적으로 변화에 대응하는 자세가 필요한 시기이다.

02.
콘크리트의 20 ~ 30%가 공극?

서 언

사진 2.3과 같은 스펀지나 수세미를 보면 내부에 많은 공극(공간)이 포함되어 있는 것을 볼 수 있다. 이만큼 크고 많은 공극은 아닐지라도 딱딱하고 강한 콘크리트임에도 불구하고 공학적으로는 콘크리트를 다공질 재료라고 한다. 학자들은 무려 20 ~ 30%가 공극이라고 하는데, 일반인들은 믿기 어려운 사실이다. 그러므로 본 고에서는 콘크리트 전체 부피의 20 ~ 30%나 차지하는 시멘트 콘크리트 공극구조에 대하여 알아보도록 한다.

(출처: http://www.tmon.co.kr)

[사진 2.3] 스펀지 공극

콘크리트에 존재하는 공극들

콘크리트에는 그림 2.1과 같은 크고 작은 여러 종류의 공극들이 존재한다. 크기순으로 보면 그림 2.2와 같이 갇힌공극, 연행공극, 모세관공극, 겔공극이 있는데, 각 공극들의 생성 메커니즘(기구) 및 특성에 대하여 알아보도록 한다.

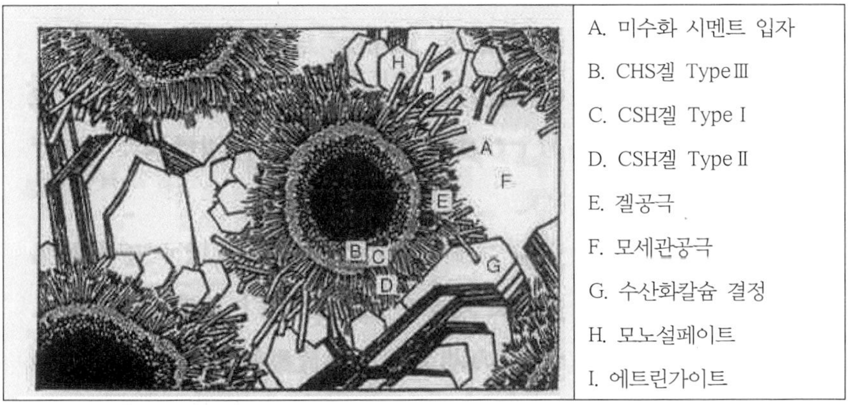

[그림 2.1] 포틀랜드 시멘트 경화체의 미세구조 모식도

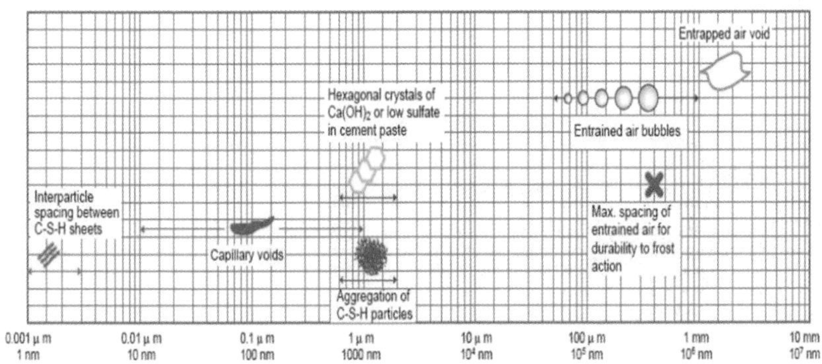

[그림 2.2] 콘크리트 조직 내에 존재하는 공극의 크기 비교

(1) 갇힌공극(Entrapped air void)

이 공극은 1mm 이상되는 눈에 보일 정도의 큰 공극을 말한다. 이것은 콘크리트가 점성을 갖고 있어 비벼지는 과정에서 공기가 콘크리트 내부에 갇혀져 만들어지는 공극이므로 '갇힌 공극'이라고 한다. 형상은 부정형이고, 그 양은 1~2% 정도인데, 거푸집을 해체하였을 경우 눈에 보이는 뻐끔뻐끔한 소위 '곰보'라고 하는 공극이다. 이 공극은 콘크리트의 강도 및 내구성에 나쁜 영향을 미치므로 가급적 없애도록 노력해야 한다. 일반적인 시공에서는 바이브레이터Vibrator: 진동기를 사용하여 이와 같은 갇힌공극을 제거하게 된다. 결국 콘크리트 내부조직에서 갇힌공극은 가능한 한 제거할수록 양호한 콘크리트가 될 수 있다.

(2) 연행공극(Entrained air bubbles)

이 공극은 50~1,000μm(0.05~1mm) 정도로 눈에는 거의 보이지 않을 정도의 작은 공극이다. 이는 겨울철 콘크리트가 얼었다 녹았다를 반복하는 과정에서 발생하는 균열 및 조직 팽창의 동해 피해를 막기 위해 소위 AE제라는 약을 넣어 인위적으로 만들어 넣은, 즉 연행시켜서 만들어진 공극이므로 '연행공극'이라고 한다. 이 공극의 형상은 구형이고, 그 양은 갇힌공기를 포함하여 3~6% 정도이다. 이 공극 역시 공기 형태이므로 많아지면 많아질수록 압축강도는 저하하지만 콘크리트를 비빌 때 공기 포가 볼베어링 역할을 하여 부드럽게 되므로 워커빌리티Workability: 시공성가 좋아지는 장점도 있지만, 제일 크게는 동해 방지 목적에 이용된다. 이 공극은 AE제라는 약을 써서 인위적으로 만든 것인 만큼 적게 비비면 공기포가 적게 만들어지고, 또한 너무 많이 비비면 애써 만들어진 공기포가 깨지면서 빠져나가는 공기손실Air loss이 발생하므로 어려운 말이겠지만 필요한 양만큼의 공기가 들어 있도록 콘크리트를 적당히 혼합해야 한다.

(3) 모세관공극(Capillary voids)

이 공극은 10 ~ 1,000 nm(0.01 ~ 1μm) 정도로 현미경을 통해서만 볼 수 있는 머리카락보다 가는 공극이다. 이 공극은 그림 2.1의 'F'에 해당하는 공극으로 콘크리트를 비빌 때에는 공기가 아닌 물이 있던 위치이다. 즉 콘크리트는 시멘트와 골재를 비빌 때 물을 이용하게 되는데 굳지 않은 상태일 때는 공극이 아니고 물이었지만 콘크리트가 굳어지면 이 물과 시멘트가 수화반응을 일으켜 수화생성물로 채워지고 수화반응에 쓰이지 않고 남아 있던 물은 시멘트 사이에 갇혀 있거나 혹은 건조환경에서는 증발하여 공기 중으로 날아가면 공극이 되는데, (이때 콘크리트 부피가 줄어들게 되는데, 이를 건조수축이라 함) 이 공극이 머리카락처럼 미세하다고 하여 '모세관(毛細管)공극'이라고 한다{실제는 머리카락 굵기(70μm 전후)보다 훨씬 작음}.

이론적으로 설명할 때는 관처럼 공극이 생긴 것으로 설명하고 있지만, 그림 2.3과 같이 복잡하게 얽혀 있고, 그 양은 콘크리트 제조에 사용한 물의 양에 영향을 받는다. 즉 1m^3 콘크리트 제조에 물을 185kg/m^3 이하로 사용하도록 규정되어 있지만, 실무에서는 그 이상을 사용하는 경우가 많으므로 결국 물의 밀도가 '1'이므로 (185/1,000) × 100 = 18.5%로서 대략 15 ~ 25% 정도가 모세관공극 혹은 이후에 설명할 겔공극이 된다.

결국 콘크리트라는 특성상 만들어질 수밖에 없는 모세관공극인데, 이 모세관공극을 통해 물, 탄산가스, 염화물, 황산염 등 각종 내구성 저하물질이 콘크리트 내부로 들어가는 통로가 되는 것이다. 따라서 완전히 없앨 수는 없지만 가능한 한 시멘트에 비해 물의 양을 적게 쓰고, 충분히 양생하여 수화반응시킴으로써 모세관공극의 크기가 작게 되도록 노력하는 것이 중요하다.

(4) 겔공극(Gel pore)

이 공극은 1 ~ 10nm 정도로 모세관공극의 1/100 정도인 초미세공극이다. 이 공극은 그림 2.1의 'E'에 해당하는 것으로 시멘트가 물과 반응하여 수화생성물이 만들어지는데, 이 수화생성물 중에 존재하는 공극이다. 이 공극은 워낙 작은 크기이므로 겔공극 내에 존재하는 물은 기후가 아무리 낮은 영하의 온도이더라도 얼지 않는다. 따라서 시멘트 공극 중 겔 공극은 내구성 요소와 관계 없으므로 내구성에 미치는 영향 또한 없다.

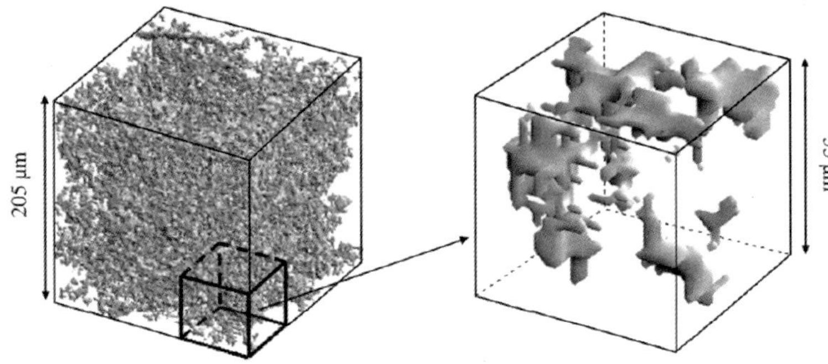

[그림 2.3] 시멘트 풀 내의 모세관공극(3일 재령)

결 언

이상에서 설명한 바와 같이 굳은 콘크리트에 존재하는 공극은 콘크리트 비빔 시 공기로 존재했던 갇힌공극 및 연행공극의 4 ~ 6%로서 대략 5%로 간주한다. 반면 콘크리트를 비빌 때 물이 차지하였지만 수화반응 후 물 혹은 공기로 공극을 이루는 모세관공극 및 겔공극은 15 ~ 25%로서 이 모두를 합치면 작게는 20%에서 많게는 30%까지 공극이 되는 것이다. 따라서 양질의 콘크리트가 되게 하기 위하여는 콘크리트에 존재하는 공극의 절대량을 가능한 한 줄이도록 노력하고, 또한 공극의 크기도 큰 것보다는 작은 것이 많이 분포되도록 해야 한다.

03.
망국병인 가수(加水)

서 언

예전 레미콘협회에서 발행하는 「레미콘」지의 맨 뒷장에는 그림 2.4와 같이 '레미콘에 물을 타면(加水) 부실공사 원인된다'라는 슬로건이 실려 있었다. 그러나 지금은 없다. 그렇다면 본 고에서는 지금은 과연 물을 안 탄다는 것인지? 물타기 문제가 해결되었다는 것인지에 대하여 고찰해 본다.

[그림 2.4] 레미콘 가수 관련 슬로건

물을 타는 이유

그럼 먼저, 물 타는 이유부터 고찰해 보자. 레미콘 차에 의해 운반되어져 온 굳지 않은 상태의 레미콘은 고체, 액체, 기체인 물질의 3태 측면에서 보면 액체로 간주된다. 그런데 액체에도 굳이 정도를 나누자면 잘 흘러가는 물과 달리 매우 점성이 커서 거의 흘러가지 않는 상태인 것이다. 학문적으로 설명하면 레올로지Rheology적으로 빙햄Bingham 유체인데, 항복치와 소성점도로 표현할 수 있다.

어쨌든 레미콘은 액체이지만 잘 흘러가지 않음으로써 부어넣은 후 다져지지 않은 상태에서 쌓이게 되면 내부에 공기 및 큰 공극이 남게 되어 소위 곰보투성이가 된다. 따라서 부어넣은 콘크리트에 바이브레이터Vibrator로 진동력을 가하면 일시적으로 질어진 액체처럼 큰 유동이 생겨 갇힌 공기는 제거되고 밀실하게 채워져서 양호한 구조체의 콘크리트가 되는 것이다. 이렇게 양호한 구조체를 만들기 위하여 많은 인력과 다짐장비가 필요하고, 기능공 또한 힘이 들기 마련인데, 결국 돈을 많이 써야만 한다. 물론 현재의 기술로 질게 만들어도 문제가 없는 고유동 콘크리트를 못 만드는 것은 아니지만, 결국은 돈을 더 들이지 않고 질게 하여 시공성만을 높이려고 하니 레미콘에 물을 타는 가수가 생기는 것이다.

물을 타는 방법

기능공들은 어떻게 물을 탈까? 일반인들은 그림 2.4와 같이 수도에서 호스(관)로 연결하여 레미콘 배출구에 쳐박는 방법을 생각한다. 그렇기 때문에 많은 사람은 누구도 물을 타지 않는다고 생각한다. 그러나 그렇게 물을 탔던 적은 이전에도 없었다. 대부분의 가수 방법은 레미콘 차에 실려 있는 물탱크를 이용한다.

종전의 경우 레미콘 차량이 현장에 도착하면 먼저 액셀레이팅Accelerating: 일본어이지만 현장용어로는 후까시으로 애지테이터 트럭을 고속으로 회전시켜 실린 콘크리트가 다시 한번 잘 비벼지도록 균일하게 한 후 반대로 돌려 배출하는데, 이때 물탱크에서 레미콘 투입구로 연결되어 있는 배관라인에 밸브가 부착되어 이것을 이용하여 가수하게 된다. 즉 밸브가 배관과 직각 방향으로 되어 물이 막혀 있던 것을 배관 방향으로 돌려 주면 레미콘에 물이 공급되면서 가수가 이루어지는 것이다. 물론 이 물은 레미콘 운반 트럭 세차에 사용하기 위함인데, 심한 경우 세차할 물도 남아 있지 않을 만큼 가수가 이루어지기도 하였다. 이렇다 보니 일부 레미콘사의 경우 차량 후미에 연결된 배관을 잘라 물을 가수하지 못하도록 하기도 한다. 그러면 과연 가수 문제는 해결된 것인가?

천만의 말씀이다. 요즈음 휴대폰 등 통신수단이 발달하여 아예 주문부터 "180 같은 120 갖다 줘"라고 하는 식(실제 질기는 슬럼프 180mm이지만 송장은 120mm로 해줄 것인데, 이는 120mm 배합에 물만 더 넣은 것임. 물론 돈은 120mm 가격임)이다. 또한 현장에서 되게 배출되는 레미콘이면 아예 걸쭉한 욕과 함께 타설기구를 팽개치고 기능공이 현장을 떠나게 된다. 그러면 담당 기사가 쫓아가서 왜 그러냐고 하면 "되어서 힘들어 못 하겠으니 똑똑한 네가 해보라"고 한다. 그러면 어쩔 수 없이 레미콘공장으로 전화를 걸어 제조과정에서부터 가수가 되어 레미콘을 출하하게 된다.

[사진 2.4] 레미콘 차량의 가수 위치

물론 유동성을 높이기 위해 철저히 관리하여 현장에서도 가수하지 못하게 하는 경우도 있는데, 그러면 이때는 물을 안 타는 것인가? 그렇다면 근본적인 것으로부터 이야기를 하지 않을 수 없다. 최근 우리나라의 골재 사정은 이보다 더 나쁠 수 없을 정도로 어렵다. 강모래, 강자갈은 고갈된 지 오래고, 부순골재 또한 허가가 축소되며 고가라는 이유로 잘 안 씀에 따라 터파기과정에서 나오는 풍화과정의 마사토, 점토가 포함된 발파석, 아주 가는 입자의 EEZ 해사, 기타 순환골재 및 슬래그 골재 등을 이용하고 있는 것이 현실이다. 이럴 경우는 유동성이 매우 나쁘므로 고성능 감수제, 유동화제라는 약을 쓰면 가능할 수도 있겠지만 많은 경우 품질이나 경제성 문제로 그렇지 못하고 시방서의 단위수량 규정을 준수해야 하기 때문에 배합보고서에는 185kg/m^3 이하의 물을 이용한다고 보고하고 있지만, 실무에서 이용하는 실제 레미콘에 대하여 단위수량을 시험해보면 200kg/m^3 이상이 측정되는 경우가 많으므로 결국 그 차이만큼은 가수를 하고 있는 것이다. 물론 이것을 표나지 않게 해야 하는데, 그 방법은 레미콘 배처 플랜트에서 골재의 표면수율 입력방법을 이용하는 것이다. 모래가 축축하게 젖어 있으면 골재표면에 물이 있는 것으로 배합설계에서는 그만큼 물을 적게 넣어 주어야 하는데, 젖어 있는 것을 말라 있다고(표면수율 조정) 컴퓨터에 입력하면 슈퍼프린터 상에는 전혀 이상이 없고 실제 레미콘에는 많은 양의 물을 가수하게 되는 결과이다.

이와 같은 상황은 일본에서도 동일하게 발생한 바 있었다. 일본에서의 해결책으로는 도착된 레미콘 차에서 물의 배합량을 즉시 측정할 수 있는 실험기기를 개발하여 시방서 규정에도 정하고, 그것을 실무에서 철저히 관리하고 있다. 반면에 우리나라에서는 시방서에는 규정이 있지만 현재는 참고로만 하도록 주기를 달고 있으며, 실무에서는 전혀 관심이 없는 실정이다.

가수가 레미콘에 미치는 영향

물론 우리나라의 일부 선진 레미콘사의 경우 가수를 감안하여 가수하여도 규정된 강도가 나올 수 있도록 하는 곳도 있지만, 기본적으로 레미콘에 가수를 하면 모든 콘크리트의 품질이 나빠지기 마련이다. 굳지 않은 상태에서는 재료분리, 응결지연, 침하균열, 공기량 감소 등이 있고, 경화 콘크리트에서는 제일 크게 문제시되는 압축강도 등 역학적 성능 저하가 있으며, 경화과정에서는 건조수축이 커서 콘크리트에 많은 균열이 발생하고 동해, 중성화, 염해, 황산염 침투 등 각종 내구성이 저하하여 콘크리트 구조물의 수명이 단축될 수 있어 망국병이 되는 것이다.

결 언

레미콘의 가수는 건설물의 품질에 무엇과도 비교할 수 없을 만큼의 치명적인 결함을 유발한다. 이를 국가적으로 계속 방치하는 것은 결국 나라를 망치는 망국병이 된다. 따라서 무엇보다도 중요한 것은 전 국민이 정직해야 하는 국민성을 어린아이 교육에서부터 성인에 이르기까지 철저히 교육시켜 국민성을 먼저 변화시켜야 한다. 레미콘 문제만이 아닌 경우도 있기 때문이다. 그리고 실무적으로는 원칙을 바로 세우고, 시험검사를 분명히 함으로써 부정한 방법이 발붙이지 못하게 해야만이 근본적인 망국병을 고칠 수 있지 않을까 생각된다.

04.
콘크리트 타설의 어원

서 언

'손 수(手) 두드릴 타(打)'라고 하면서 수타면(手打麵)을 언론에서 광고하는 것을 들은 적이 있다. 즉 수타면이란 사진 2.5와 같이 '손으로 직접 쳐서 만든 면'을 말하는 것으로 기계로 밀어 빼지 않고, 손의 힘으로 뭉쳐진 밀가루를 도마 위에 내리쳐서 늘려가면서 면을 뽑는 것으로 기계면보다 맛이 더 좋기 때문이란다.

그런데 콘크리트에도 두드릴 타(打)의 한자를 쓰는 '타설(打設)'이라는 용어가 있다. 그렇다면 콘크리트에도 내려치는 두드림이 있다는 말인데, 어떻게 하길래 타설이라는 용어가 쓰여지게 되었는지에 대하여 알아보도록 하자.

(출처: https://news.joins.com)

[사진 2.5] 수타면 만들기

타설의 어원

콘크리트를 거푸집에 채우는 작업을 타설이란 단어 이외에도 '콘크리트를 친다' 혹은 '콘크리트를 때린다'라는 말을 쓴 적이 있다. 결국 이 말은 타설의 순수 우리말로 같은 의미로 쓰인 것인데, 어떻게 해서 콘크리트를 치고, 때리고, 두드리게 되었는지를 역사적으로 더듬어 본다.

우리나라에 시멘트 및 콘크리트가 보급된 시기는 일제 강점기 때이다. 한반도의 최초 시멘트공장은 1919년 평안남도 강동군 승호리(평양 근교)에 일본 오노다(小野田)시멘트에 의해 습식 킬른 1기로 연간 생산량 6만 톤인 공장이 건설되었다. 아마도 이때부터 우리나라에 콘크리트가 본격적으로 만들어졌을 것으로 추측된다. 이때는 콘크리트 생산이나 시공에서도 전혀 기계화가 이루어지지 않았을 때이므로 철판 위에 질통으로 모래와 자갈 및 포대에 담긴 시멘트를 운반하여 펴고, 먼저 건식으로 비빈 다음, 가운데를 갈라 자갈과 물을 넣고 각진 삽으로 양쪽에 두 사람씩 서서 한쪽으로 뒤집어 비비고, 반대쪽으로 뒤집어 비비기를 4~5회 한 다음 콘크리트 구조체에 밀어 넣으면 다음으로 다져주는 작업으로 콘크리트를 시공하였다.

그런데 이 시기의 시멘트 특징은 분말도가 작아(굵은입자) 장기강도에는 유리할 수 있었을지라도 단기에는 큰 강도를 내지 못하는 현대개념에서 보면 좋지 못한 시멘트였을텐데 당시의 가격은 상대적으로 매우 고가였다. 따라서 콘크리트의 강도관리를 위하여 일본 관리들은 물을 가능한 한 적게 넣고 되게 비벼지도록 하였는데, 그렇다면 다짐을 어찌해야 할까? 되게 비벼진 콘크리트를 잘 다져주지 않으면 재료분리, 소위 곰보투성이가 되어 구조체로 사용할 수 없게 된다.

당시에는 인건비가 저렴하였고, 철근배근도 적었으므로 비빔 인원 이상 다짐 인원을 배치하고 현재와 같은 다짐 장비인 바이브레이터가 없었으므로 그림 2.5와 같은 달고, 철근, 몽둥이 등 인력을 이용하여 사진 2.6과 같이 콘크리트 표면을 때리고, 치고, 두드려 된비빔 콘크리트가 밀실하게 다져져서 표면으로 물이 올라와 질펀해질 때까지 다지는 작업을 계속하였다. 따라서 거푸집에 콘크리트를 채우는 작업을 '콘크리트를 때린다', '콘크리트를 친다', '콘크리트 타설'이라고 부르게 된 것이다.

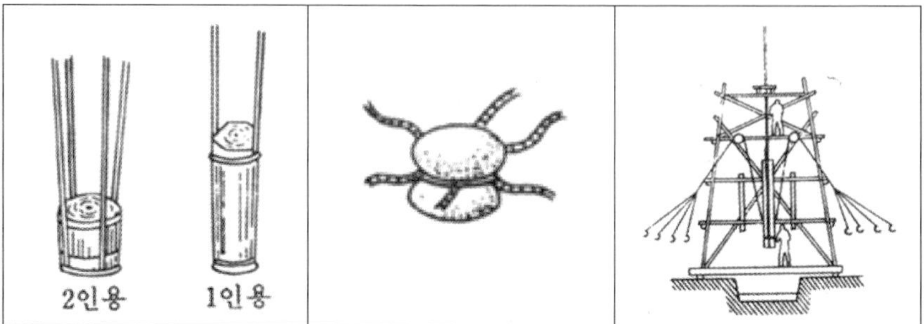

1) 손달고	2) 원달고	3) 몽둥달고

(출처: 건축시공학(장기인 저))

[그림 2.5] 다짐용 달고

(출처: Japan concrete institute, No.659)

[사진 2.6] 옛날 일본인들의 타설 모습

타설 용어의 정착

그렇다면 현대에 와서는 비교적 질게 비벼진 콘크리트에 바이브레이터의 진동으로 다짐을 하고 있는데, 콘크리트 표준시방서에 때리고, 치고, 두드리는 의미의 타설이라는 용어는 부적절한 것이 아닌가? 콘크리트학회 용어위원회에서 이 문제가 크게 논란이 된 적이 있었다. 타설보다는 당시 건축공사표준시방서의 '부어 넣기'라는 용어가 더 옳지 않겠느냐라는 의견도 제시되었지만 많은 갑론을박을 거쳐 결론으로는 '타설'로 하기로 의견이 모아졌다. 그 이유는 현재 콘크리트를 때리고, 치고, 두들기는 작업은 하지 않더라도 옛날의 역사적인 시공방식 개념도 이해하면서 철저히 다져 넣어야 양호한 콘크리트가 되는 중요성도 인식할 필요가 있기 때문에 그에 따른 결정이었다.

잘못된 타설

그런데 해방 이후 과도기에 일본인 없이 우리 손으로 건설된 많은 구조물의 상태는 어떠한가? 제대로 타설되어 있을까? 현재에도 계단과 같은 다짐이 어려운 부분이나 기능도가 낮은 건설사가 시공한 구조물인 경우도 그럴 수 있지만 과도기에 시공된 건설물을 정기점검이나 안전진단을 하기 위해 코어를 채취하다 보면 사진 2.7과 같이 잘 다져지지 않은 큰 공극 및 경우에 따라서는 코어 채취가 안 되고 저절로 끊어져 버리는 모습을 볼 수 있다. 강도를 거의 발휘하지 못하는 수준으로서 제대로 타설되지 않아 이런 경우는 참으로 안타까운 마음을 금할 길이 없다.

1) 코어 채취 현장

a) 많은 공극

b) 절단된 코어

2) 채취된 코어

[사진 2.7] 콘크리트 코어 채취 및 공극

05.
콘크리트에서 피가 흘러?

서 언

전문가 집단이나 직장에서는 그들만이 알아들을 수 있는 전문 용어를 자주 쓴다. 예전에 손을 칼에 베어서 병원에 갔더니 의사가 손모양이 그려진 진단 용지에 칼에 베인 곳을 표시한 다음 'Bleeding'이라고 쓰는 것이었다. 또한, 오래 전 병원에서 산부인과 병실을 지나가던 중 간호사 간에 하는 말을 엿들은 적이 있는데, "저 산모는 블리딩이 많아 걱정이야"라고 하는 것이었다.

그런데 이와 같이 '피가 남', '피가 흐름'이라고 하는 용어로 블리딩Bleeding이란 의학용어가 있는데, 이런 용어가 전혀 상관이 없을 것 같은 콘크리트에서도 이용되고 있어, 본 고에서는 이러한 내용을 소개하여 보고자 한다.

블리딩의 어원

영어단어의 의미로 영어사전에 의하면 혈액인 '피'라고 하는 명사는 'Blood'로 표기하고, '피를 흘리다', '피가 나다'라고 하는 동사는 'Bleed'이며, '피가 나고 있음의 명사형인 '출혈'은 'Bleeding'이다. 그런데 콘크리트 용어에서도 '블리딩'이라 하면 사전적 의미로 '타설 후 아직 굳지 않은 콘크리트, 회반죽 등에 있는 수분이 표면으로 떠오르는 것'으로 설명하고 있다. 이는 콘크리트 표면으로 떠오르는 물을 피가 나고 있는 출혈의 개념으로 하여 블리딩이라고 하는 것이다.

블리딩의 메커니즘

타설된 콘크리트 표면에 피가 나서 흐르는 것처럼 블리딩현상은 왜 일어나는가? 레미콘 차에 실려 있는 콘크리트는 입자가 크고 작은 골재가 시멘트와 물로 반죽된 풀 속에 갇혀 있는 액체상태와 같은 것이다. 그런데 콘크리트는 기본적으로 유동성을 갖는 액체 중 밀도가 커서 점성이 큰 것에 속하는데, 만약 슬럼프가 커서 점성이 작은 상태라면 무거운 것은 가라앉고, 가벼운 것은 뜨려는 속성이 생기는데, 이것은 자연의 섭리이다. 콘크리트 구성요소 중 제일 무거운, 즉 밀도가 큰 것은 시멘트(3.15g/cm^3 전후)이고, 다음이 골재(2.6g/cm^3 전후)이며, 그 다음은 물(1.0g/cm^3)이고, 제일 작은 것은 공기이다. 따라서 콘크리트를 사진 2.8과 같은 바이브레이터 등으로 다지면 제일 먼저 공기가 빠져나가고, 다음으로 물이 떠오른다. 또한 타설된 콘크리트 표면을 가만히 보고 있으면 뾰글뾰글 콘크리트 내부에서 물이 올라와 표면을 질편하게 적시면서 물이 고이는데, 이때 물이 떠오르는 현상을 블리딩현상, 떠오른 물을 블리딩수라고 한다.

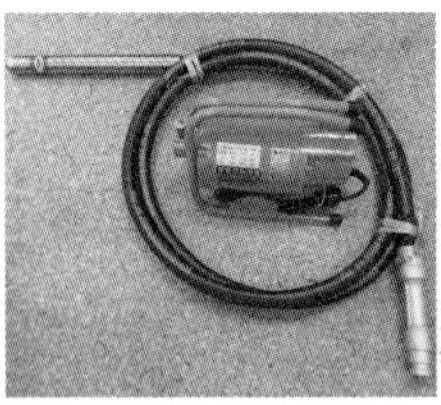

1) 내부 진동기

2) 외부 진동기

3) 표면 진동기

[사진 2.8] 콘크리트 다짐용 바이브레이터

블리딩이 콘크리트에 미치는 영향

콘크리트 타설 후 블리딩이 많은 것이 좋은 것인지 아니면 없는 것이 좋은 것인지? 한마디로 말하기는 어렵지만 기본적으로 블리딩은 콘크리트 구성재료의 불균일을 일으키는 재료분리현상의 일종이다. 그렇기 때문에 콘크리트 배합에서 블리딩이 발생하지 않게 하는 것이 좋을 수도 있겠지만 블리딩이 전혀 발생하지 않는다면 표면마감성이 나빠질 수도 있으므로 약간의 블리딩은 있는 것이 좋다.

그렇다면 블리딩이 너무 많으면 어떤 문제점이 있을까? 기본적으로 블리딩은 콘크리트 내부에 있던 물이 수로(물길)를 형성하며 떠 올랐기 때문에 나중에 콘크리트가 굳어지고 나서도 콘크리트 내부에 수로가 존재하여 지붕 슬래브인 경우 비가 내리면 콘크리트에 물기가 닿아 그곳으로 물이 통과하여 방수가 안 되는 문제점이 발생할 수 있다. 그뿐만 아니라 콘크리트 내부의 수로는 일종의 공극이므로 강도가 저하하게 되고, 또한 탄산가스나 염화물의 침투도 쉬워 중성화에 의한 수명단축, 염해에 따른 철근 부식, 침투된 물의 동결융해에 따른 동해 피해 등 각종 내구성이 저하하게 된다. 기타 소소하게는 표면에 떠올라 고인 물은 응결을 지연시켜 표면마감시간을 늦게 하고, 마감을 곤란하게도 한다.

블리딩의 조정

콘크리트 타설 중 블리딩이 너무 많이 생겨서 감독, 감리자 혹은 시공사 측으로부터 레미콘사에 블리딩을 줄여달라는 부탁을 받았다. 블리딩 조정을 어떻게 하면 좋을까? 가끔 레미콘사는 막막해하는 경우가 있다.

문제 해결은 점성에 있다. 즉 골재 특히 잔골재가 굵은 입자 분포이거나 시멘트가 적게 들어가면서 진(슬럼프가 큰) 배합의 콘크리트일수록 블리딩이 많다. 그러면 해결은 반대이면 된다. 잔골재 입자를 가늘게 혹은 미분말이 어느 정도 포함된 것으로 자갈보다 모래를 많이 넣어 배합하고, 시멘트를 더 많이 넣어주며, 슬럼프가 작은 콘크리트로 하여 타설하면 가능할 수 있는데, 지금 당장 바꿀 수 없고 돈이 많이 들어가고, 주문사항 위반 등 어느 것 하나 녹록한 것이 없다. 따라서 이럴 경우는 약을 쓰면 가능할 수 있는데, 소위 점성을 높여 줄 수 있는 증점제인 것이다. 증점제의 종류로는 셀룰로오스계, 폴리머계, 껌류 등 무수히 많은데, 공기량과의 상관성을 검토하면서 종류를 선택한 다음 소량을 혼입시키면 점성이 살아나면서 블리딩 양을 간단히 줄일 수 있는 방법이 된다.

1) 블리딩

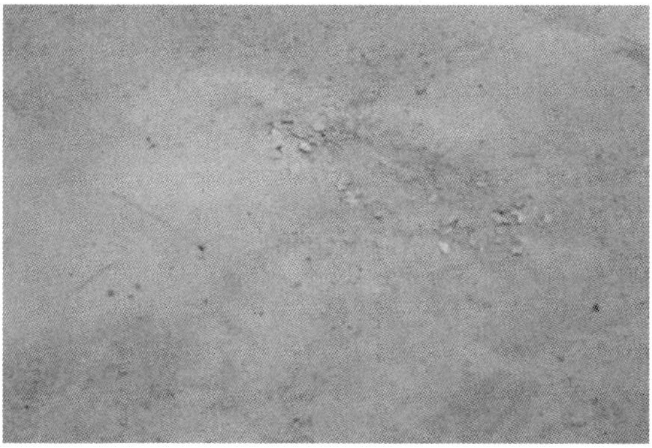

2) 레이턴스

[사진 2.9] 블리딩 및 레이턴스

참고로 고강도 콘크리트인 경우는 점성이 너무 커서 문제가 되는데, 이때는 일반 고성능 감수제를 저점도형 고성능 감수제로 바꾸어 줌으로써 점성을 낮추는 것이 가능하다.

레이턴스

블리딩이 발생한 콘크리트 표면에서 블리딩수가 증발하고 나면 우유 모양의 백색 침전물이 생기는데, 이를 레이턴스Laitance라고 한다. 레이턴스는 시멘트 수화물 중 발생하는 수용성인 수산화 칼슘{$Ca(OH)_2$} 등이 마르면서 대기 중의 CO_2와 반응하여 $Ca(OH_2) + CO_2 = CaCO_3 + H_2O$와 같이 되어 석회석과 같은 탄산칼슘 등이 만들어진 것으로 물에 씻기지도 않으면서 콘크리트를 이어붓기할 경우 먼저 부어넣은 콘크리트와 새로 부어넣은 콘크리트와의 부착을 방해하게 된다. 따라서 이어붓기할 경우는 이와 같은 레이턴스는 브러시, 쪼아내기 등으로 반드시 제거한 후 부어 넣도록 교과서나 시방서에 규정되어 있다.

06.
물에 콘크리트가 일어진다면?

서 언

<콘크리트에서 피가 흘러?>에서 설명하였지만, 타설된 콘크리트에서 대부분은 많든 적든 블리딩이 생긴다. 그런데 아주 심한 경우는 많은 양의 물이 떠올라 깊이가 낮은 곳에서는 물웅덩이처럼 고이는데, 콘크리트 타설공은 슬래브인 바닥을 수평잡는다고 높은 곳의 콘크리트를 물웅덩이쪽으로 밀어 넣게 되는데, 그렇게 되면 다른 쪽으로 웅덩이가 옮겨가게 되고, 이와 같은 작업을 계속 반복하다 보면 쌀에서 돌을 고르는 것처럼 콘크리트를 일는 것이 되어 낭패를 보는 경우가 있는데, 본 고에서는 이와 같은 내용을 소개해 보고자 한다.

결함 발생 상황

<콘크리트에서 피가 흘러?>에서 밀도가 큰 것은 먼저 가라앉고, 밀도가 작은 것은 뜨는 것으로 블리딩의 원인을 설명한 바 있다. 그렇다면 시멘트는 밀도가 3.15g/cm^3 전후로 제일 커서 밑에 먼저 가라앉아야 할텐데 그렇지는 않다. 저항체 속에서 물체의 침하속도는 밀도뿐만 아니라 입자 크기에도 영향을 받기 때문이다.

일례로 수평을 이루는 지하실이나 물이 전혀 새지 않는 기존 콘크리트 위에 덧씌우기로 슬래브 콘크리트를 타설할 경우는 된비빔 콘크리트로 시공하여야 하지만 물이 거푸집 아래로 줄줄 새는 일반 콘크리트를 타설하듯이 진 콘크리트를 주문하여 타설하게 되면, 물이 전혀 새지 않아 콘크리트 표면에 생긴 블리딩을 주체할 수 없는 상황이 된다. 아무리 시간이 지나도 상부의 물이 증발만으로는 잘 마르지 않아 오랜 시간이 걸린다. 그러다 보면 표면마감을 위해 늦은 시간까지 기다리게 되고, 또한 수평을 잡기 위해 물 속에서 콘크리트를 이리 보내고, 저리 보내며 콘크리트를 일게 된다.

이와 같은 경우 공장바닥이나 넓은 주차장의 평활화를 위해 사진 2.10과 같은 피니셔에 의한 표면마감은 시멘트만 몰려 있는 표면층 위에서 작업하기 때문에 시공 당시는 그런대로 잘 마감되어 보인다. 그러나 며칠 내지 몇 주가 지나면서 콘크리트 표면이 마르면 거북이 등처럼 여기저기 균열이 발생하고 나중에는 박리까지 발생하는 등 많은 문제점이 야기된다.

[사진 2.10] 콘크리트 타설면에서의 피니셔 마감 작업

표면박리 메커니즘

그렇다면 왜 이런 현상이 나타날까? 즉 물 속에서 콘크리트를 일게 되면 어떤 일이 일어나는지에 대하여 설명해 본다.

알기 쉽게 먼저, 건물의 옥상에서 철로 된 철구와 새의 깃털을 동시에 떨어뜨리면 어느 것이 먼저 떨어질까? 당연히 철구가 먼저 떨어지고 나중에 새의 깃털이 떨어진다. 공기저항이 문제인데, 진공상태에서 실험하면 동시에 떨어지는 것으로 알려져 있다. 이번에는 옥상에서 지름이 큰 철구와 지름이 작은 철구를 동시에 떨어뜨리면 어느 것이 먼저 떨어질까? 답은 지름이 큰 철구가 먼저 떨어지고, 지름이 작은 철구가 늦게 떨어진다. 이를 이해하기 쉽게 공기보다 저항이 큰 물 속에서 굵은골재, 잔골재, 흙을 떨구면 어느 것이 먼저 떨어질까? 당연히 굵은 입자인 굵은골재가 먼저 떨어져 가라앉고, 다음으로 잔골재이며, 입자가 작은 흙은 오랫동안 흙탕물 상태로 있다가 서서히 가라앉는다. 더욱이 1μm 이하인 콜로이드는 우유와 같이 영원히 가라앉지 않게 됨도 이해할 수 있을 것이다.

자! 그렇다면 콘크리트 타설 후 블리딩현상으로 물이 고인 곳에서 수평을 잡는다고 높은 곳의 콘크리트를 물이 고인 낮은 곳으로 옮기면 어떻게 될까? 당연히 물 속에서 낙하시킨 입자 크기가 다른 물체처럼 일어진 콘크리트에서 굵은 입자인 굵은골재 및 잔골재는 먼저 가라앉고, 미세한 모래 입자, 시멘트 입자는 흙탕물처럼 물 속에서 현탁액화되어 있다가 시간이 지나면 가는 입자 중에서도 상대적으로 굵은 입자인 미세한 모래 입자(실트: Silt)가 먼저 가라앉고 다음에 시멘트 입자가 가라앉아 위에는 맑은물만 남게 된다. 수분 증발 후 표면을 피니셔 등으로 마감하면 표면의 시멘트 입자들만에 의해 매끄럽고 번쩍번쩍 빛이 나며 보기 좋게 표면마감이 완성된다.

그렇지만 시간이 지남에 따라 콘크리트 표면에서는 말라 줄어드는 건조수축이 발생하는데, 콘크리트에 비하여 시멘트 모르타르는 2~3배 크고, 시멘트와 물로 반죽한 시멘트 풀은 10배 정도 크다. 이렇게 되면 콘크리트 표면의 시멘트 풀인 시멘트 모임층은 사진 2.11과 같은 거북이 등처럼 수축 균열이 발생하는데, 마침 시멘트 모임층 아래에는 사진 2.12와 같은 미세한 모래 입자만이 모여 있는 강도가 전혀 없는 층이 존재한다. 이곳은 하부 콘크리트와 상부 시멘트 모임층을 연결시켜 주는 곳으로 부착력이 거의 없어 결국, 상부 시멘트 모임층의 수축력으로 그 층에서 떨어져 상부 표면을 두드리면 통통 소리를 내면서 뜬 것을 알 수 있고, 균열 틈 사이로 풀풀 먼지가 올라오는 현상이 생긴다. 더 나중에 그곳으로 물이 새어 들어가 얼게 되면 부풀어올라 부슬부슬 부서지게 되고, 평상시에도 중량물이 표면에 작용하게 되면 시멘트 모임층이 깨지고 들어 올려 벗겨지는 등 엉망으로 되고 만다.

[사진 2.11] 표면 균열 조사 현장

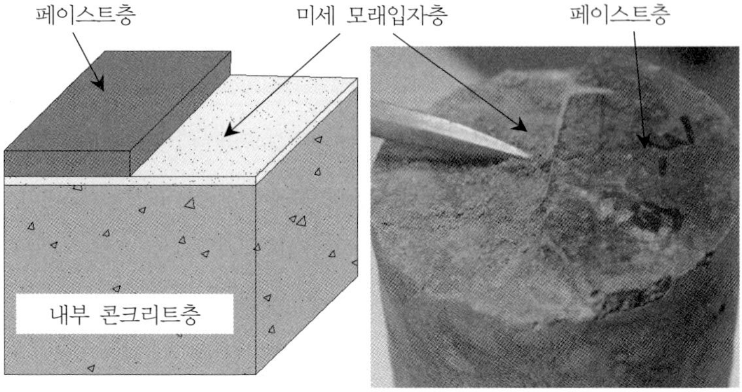

[사진 2.12] 균열 원인 규명

결 언

결국 물 속에서 콘크리트를 타설하는 경우도 이와 비슷한 상황이 발생하는데, 이 경우는 물에 씻기지 않는 약인 수중 불분리제를 넣어 방지하고 있다. 그러나 아무런 조치 없이 떠오른 블리딩수에서 수평을 잡는다고 이리 끌고, 저리 끌고 하는 지나친 일음이 발생하면 표면 재료분리에 따른 시멘트 모임층이 발생하게 된다. 이는 시간이 경과함에 따라 균열 및 바탕 콘크리트로부터 떨어져나와 박리가 발생하게 되므로 시공자는 특별히 이점에 주의하여 표면마감 시공을 진행할 필요가 있다.

07.
균열의 본질

서 언

콘크리트 타설면에서는 시간이 경과하면서 크든, 작든 금이 가게 된다. 금은 한자 용어로 '균열龜裂: Crack'이라 하고 사전적으로는 '거북이 등에 있는 무늬처럼 갈라져 터짐'이라고 설명하고 있다.

[사진 2.13] 콘크리트에 발생한 균열 사례

사진 2.13과 같이 콘크리트 구조물에 균열이 발생하면 미관상 나쁜 것은 물론이고 강도, 내구성 및 수밀성 저하뿐만 아니라 철근을 녹슬게 하여 건물의 안전까지 위협하는 구조적 결함을 초래할 수 있다. 따라서 본 고에서는 콘크리트 구조물에서 발생하는 균열의 종류, 균열지수 및 실제 사례에 대하여 설명함으로써 균열의 본질을 이해하도록 한다.

균열의 종류

콘크리트에서 발생하는 균열의 종류는 다양하다. 크기에 따라 매크로Macro적인 균열과 마이크로Micro적인 균열이 있고, 거동에 따라서는 팽창에 의한 균열, 수축에 의한 균열 및 팽창·수축 반복에 의한 균열이 있으며, 균열 발생 요인에 따라서는 재료요인, 시공요인, 구조요인, 사용환경요인 등이 있다. 또한 균열은 발생 시기에 따라 경화 전 및 경화 초기균열(침하, 소성수축, 수화열, 자기수축 등)과 경화 후 균열(건조수축, 온도변화, 구조적 요인, 기타) 및 내구성적인 균열(동해, 중성화, 염해, 알칼리골재반응, 화학적 부식 등)이 있다.

[사진 2.14] 내구성에 의한 균열

일반적으로 균열 발생이 문제가 되어 원인을 규명해야 하는 경우에는 상기의 여러 요인을 종합적으로 검토함으로써 알 수 있지만, 특히 균열 발생 시기를 확인하면서 원인을 규명한다면 좀 더 쉽고 정확한 원인을 찾을 수 있다.

균열의 본질인 균열지수

구조물에 발생하는 균열은 수없이 많은 원인과 종류가 있지만 어떤 형태의 균열을 막론하고 부재 내부에서 발생된 힘을 콘크리트가 받아낼 수 있을까? 하는 것이다. 즉 콘크리트의 인장강도와 내부응력과의 관계인 것이다. 이때 콘크리트의 균열 발생 여부는 균열지수로 논할 수 있는데, 균열지수는 식(1)과 같다.

$$\text{균열지수}(I_{cr}) = \frac{\text{콘크리트의 인장강도}(f_{sp})}{\text{콘크리트에 작용하는 응력}(f_t)} \qquad (1)$$

일례로 콘크리트의 인장강도가 큰 데 비하여 작용하는 힘인 응력이 작다면 균열은 발생하지 않을 것이고, 수학적인 균열지수는 1보다 크게 된다. 반대로 콘크리트의 인장강도가 작은 데 비해 작용하는 힘인 응력이 크다면 반드시 균열이 발생하게 될 것이고, 균열지수는 1보다 작게 된다. 그렇다면 이번에는 콘크리트의 인장강도와 작용하는 힘인 응력이 같다면 어떨까? 균열지수는 1이 될 것인데, 이때는 균열이 생길 것인가?, 안 생길 것인가? 일반적인 말로 '아리까리하다(아리송하다)', '애매하다'라고 표현하겠지만 이때의 균열 발생 확률은 50%인 것이다.

따라서 콘크리트에 발생하는 균열을 0 ~ 100%의 확률로 말하는데, 그림 2.6에 나타낸 것처럼 균열지수가 0이면 100%, 1이면 50%, 2이면 0%로 역에스(S) 커브를 그리는 확률분포를 갖는다.

실제 사례

그러면 실무에서 가장 많이 발생하는 소성수축 균열에 대하여 예를 들어보자. 콘크리트를 타설하고 나면 액체상태인 콘크리트가 말랑말랑한 소성상태를 거쳐 딱딱하게 굳는 경화상태로 변한다. 즉 오전에 콘크리트를 타설하고 오후가 되면 액체상태가 소성상태로 변하는데, 딱딱하게 굳은 상태가 아니라면 콘크리트의 인장강도를 포함한 모든 강도는 '0'이다. 그런데 콘크리트 표면이 마르지 않도록 조치를 강구하지 않으면 고온에 낮은 상대습도나 빠른 바람의 환경에 놓인 콘크리트는 표면부터 빠르게 말라 수축되는 응력이 발생하게 된다. 그러면 분자인 인장강도는 '0'인데, 분모인 응력이 크게 걸리는 조건이면 균열지수는 '0'이 되어 반드시 균열이 발생하게 되는 것이다.

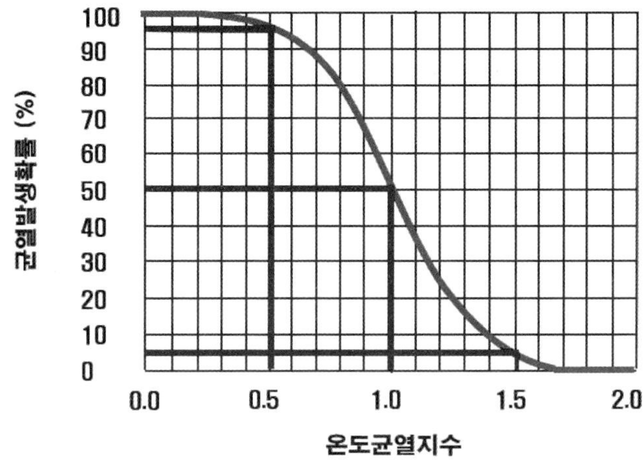

[그림 2.6] 온도균열지수와 균열발생 확률

시공이 잘 관리되는 대규모 건설현장은 예외겠지만, 소규모의 개념 없는 건설현장의 레미콘에 클레임이 제기되어 이를 조언하기 위해 현장을 방문해보면 레미콘이 불량이라면서 균열보수, 나아가 마감용 미장 모르타르를 요구하거나 헐고 다시 하겠다는 등 가관인 경우를 많이 보게 된다.

이 경우 답은 인장강도가 충분히 발휘될 때까지 건조에 의한 응력이 발생하지 않도록, 즉 건조 방지와 관련한 충분한 양생(일례로 살수 혹은 버블시트 피복)을 실시해 주는 것이다. 그렇다면 소성수축균열의 경우 양생의 책임은 누구인가?, 레미콘사의 책임인가?

[사진 2.15] 버블시트 양생 현장

결 언

수없이 많은 균열의 경우 본질은 콘크리트의 인장강도와 콘크리트에 작용하는 응력의 관계이다. 굳지 않은 상태의 제반 균열, 수화열 균열, 건조수축 균열 및 내구성 균열에 이르기까지 모두가 동일하다. 따라서 건설공사 현장에서 콘크리트 관련 업무에 종사하는 모든 사람은 이와 같은 균열의 본질을 잘 이해하고 콘크리트 구조물에서의 균열 방지 및 균열을 잘 컨트롤할 수 있는 능력자가 되기를 기대해 본다.

08.
골다공증 콘크리트

서 언

골다공증(骨多孔症)이란 국어사전에 의하면 '뼈에 무기질과 단백질이 줄어 뼈 조직이 엉성해지는 현상'이라고 설명하고 있다. 이와 같은 골다공증은 외상 후 혹은 여성의 경우는 폐경 후 나타나게 되는데, 쉽게 골절될 수 있어 예방과 치료가 필요하다.

상황에 따라 다르기는 하지만 콘크리트의 경우도 인체의 골다공증과 유사한 상황이 발생하는 경우가 있으므로 본 고에서는 콘크리트용 골재, 콘크리트 제조와 시공, 사용환경 측면에서 그 내용을 소개해 보도록 한다.

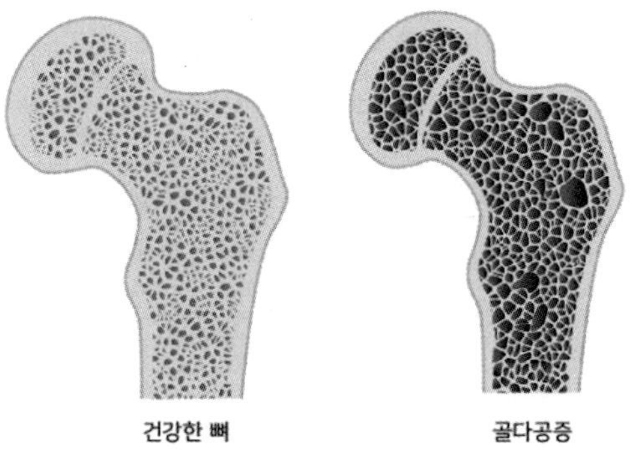

(출처: http://jang-sarang.com)

[사진 2.16] 골다공증 형상

불량 골재의 활용

콘크리트용 재료에서 모래와 자갈을 골재(骨材)라 칭한다. 골(骨)은 '뼈골'로서 인체조직에서 골격을 이루는 뼈와 같은 역할을 하기 때문에 골재라고 이름 붙여진 것이다. 뼈만 있어서는 힘을 쓸 수 없는 것이 당연한 일이지만 힘을 크게 받기 위해서는 뼈가 튼튼해야만 한다. 마찬가지로 콘크리트의 경우도 골재만 있어서는 힘을 받을 수 없으므로 시멘트와 물이 반죽된 풀Cement paste: 밀가루 풀과 같은 의미이 골재를 잡아주는 것이므로 골재가 강해야 큰 강도를 발휘할 수 있다.

전통적으로 콘크리트용 골재는 천연 잔·굵은골재(강모래, 강자갈)를 이용하였다. 그러나 천연자원은 유한한 것으로 강에 모래나 자갈이 없는 것은 아니지만 환경보존 및 형질변경에 따른 2차 피해를 막기 위해 보존할 수밖에 없음에 콘크리트용으로 쓸 수 있는 강모래, 강자갈은 고갈된 상태이다. 이에 따라 대체골재 자원으로 육지 모래, 육지 자갈(옛날에 강이 흐르던 곳이 논이나 밭으로 변해 있는데, 그곳에서 골재를 채취한 것), 바닷모래나 석산에서 인공적으로 만든 부순 잔·굵은골재(부순 모래, 부순 자갈)가 있는데, 그동안 효과적으로 많이 사용하였지만 육지 골재 역시 한계가 있어 고갈 상태이고, 현재는 EEZ(경제적 배타구역) 해사와 부순 잔·굵은골재가 메인으로 쓰이고 있다.

그러나 해사는 어족자원 보존 목적으로 어민들의 반대가 심해 골재 수요량의 5%대로 낮추도록 허가가 제한되고 있고, 부순 골재 역시 산림청의 자연보호 목적의 허가 축소로 사용 가능량이 줄고 있다. 사정이 이렇다 보니 최근에 주로 사용하는 것이 아파트 등 건설공사를 진행할 때 터파기 과정에서 나오는 골재를 이용한다. 즉 화강암 풍화토는 소위 마사토라 하여 모래로 이용되고, 암반을 발파하는 과정에서 나오는 발파석은 현장에 파쇄기인 크러셔를 설치하여 분쇄한 다음, 입자 크기에 따라 모래, 자갈로 구분하여 레미콘공장에 부순 골재 혹은 부수적 골재라고 하여 공급된 후 이것을 해사 등과 혼합하는 방법, 기타로 하여 콘크리트를 만들고 있는 실정이다.

그렇다면 먼저 마사토는 품질이 어떠할까? 일부 마사토 중 실리카 물질은 시멘트수화반응 생성물인 수산화칼슘과 반응하여 시멘트 경화체(포졸란반응에 의한 CSH겔 생성으로 강도를 발휘하게 됨)가 되어 강도에 유리한 면도 있지만 근본적으로는 풍화 과정에 있는 재료이므로 시간이 지나면 쉽게 부서져 결국 콘크리트 내부에서 부서지게 되면 골다공증처럼 강도가 약해지게 되는 것이다.

발파석을 이용하는 잔·굵은골재의 경우도 마찬가지이다. 즉 기본이 되는 단단한 암반을 파쇄한 잔·굵은골재 그 자체야 문제가 될 것이 없다. 그러나 석산에서 만들어지는 잔·굵은골재는 전용 생산업자가 오랜 시간에 걸쳐 충분히 갖춰진 설비를 이용하여 양호하게 만들어낸다. 즉 석산에서는 흙이 포함될 수도 있는데, 원석을 발파하여 반입하면, 먼저 체로 걸러 흙 입자는 제거하고, 암석 성분만을 이용하여 1차 파쇄(조 크러셔), 2차 파쇄(콘 크러셔), 3차 파쇄(임팩트 크러셔) 등을 거쳐 입자 모양을 둥글게 하면서 최종적으로 입자 크기에 따른 굵은골재 및 잔골재가 만들어진다. 특히 이때 잔골재인 경우는 흐르는 물 속에서 미립자나 흙 성분을 제거하고 잔골재만을 골라내는 선별 과정을 거친다. 그렇기 때문에 부순 잔·굵은골재의 KS 품질 규정상에는 토분에 관한 점토함유량 규정은 없다.

그런데 요즈음 가장 많이 사용하는 발파석인 잔·굵은골재는 어떠할까? 먼저 발파석 골재 생산은 터파기를 하기 위함이 우선이지 골재생산은 부수적인 것이다. 그렇기 때문에 암질이 나쁜 발파석이라도 사용할 수밖에 없는 것이 기본이다. 그리고 공사현장에서 나오는 발파석은 한시적이다. 그렇다 보니 제대로 된 장비를 이용할 수 없는 상황이므로 이동식 간이장비에 의해 여러 번의 파쇄단계를 거치지 않고 골재 입자 모양도 각이 진 형상이 많다. 또한 건설공사 현장에서는 토사 선별이라든가 물로 골재를 씻는 것이 곤란하다. 따라서 암질이 불량한 경우, 모양이 각진 경우 및 토분이 많이 포함되어 특히, 토분이 골재를 감싸고 있는 경우도 있으므로 결국 이와 같은 골재는 시멘트와 물로 반죽된 풀로 붙인다고 해도 골재 자체 결함이나 골재 주변의 흙 성분인 점토가 부착을 방해하여 내부 공간을 다량 함유하는 상태가 되어 결국은 골다공증 콘크리트가 됨으로써 강도나 내구성을 해치게 된다.

불량한 콘크리트의 제조 및 시공

콘크리트는 다른 각도에서 보면 굳어진 일종의 인조석 개념으로 철근과 함께 만들어진 건설물인 철근 콘크리트의 기둥과 보 등을 골격(骨格)이라 하여 역시 건축물의 큰 개념에서는 뼈인 것이다. 그런데 콘크리트는 <콘크리트의 20 ~ 30%가 공극?>에서 언급한 것처럼 20 ~ 30%의 갇힌공극, 연행공극, 모세관공극 및 겔공극을 가지는데, 이와 같은 공극 중 크기가 크고 많은 양의 분포를 가지게 되면 결국 골다공증과 같은 현상이 되어 강도나 내구성을 저하시킨다.

특히 이 중에서도 중요한 것은 갇힌공극과 모세관공극이다. 먼저 갇힌공극은 콘크리트 원재료 선택, 배합 및 다짐과 연관성이 크므로 이와 같은 관점에서 갇힌공극이 최소가 되도록 노력해야 하는데, 주변의 상황에서는 특히 다짐을 철저히 하도록 강조하고 싶다. 즉 콘크리트 시공비 중에서 다짐공은 더 넣으나 빼나 겉으로는 차이가 없는 것으로 인식되어지기 때문에 소홀히 하는 경향이 있다. 두 번째로 모세관공극은 콘크리트 제조 시 시멘트에 대한 물의 사용량(물 시멘트비: W/C)과 관계가 있는데, W/C가 적어 물이 적어지면 모세관공극이 작고 줄어들 것이고, 반입된 콘크리트에 물을 타는 행위의 가수나 제조 시 지나치게 질게 하여 물이 많이 들어가 반대로 W/C가 커서 결국 콘크리트는 크고, 많은 모세관공극이 분포되어 강도 및 내구성이 저하하는 등 제조 당시부터 골다공증 콘크리트가 되고 마는 꼴이 된다.

불량한 사용 환경

콘크리트를 잘 양생하면 계속적인 수화반응으로 조직이 치밀해지며 강도가 증가하는 것은 잘 알려진 사실이다. 양생은 적당한 온도와 계속적인 수분공급 및 충격 방지가 중요한데, 실무에서는 겨울철 영하의 날씨에 물이 어는 데도 불구하고 대책 없이 콘크리트를 타설하여 강도가 생기기 전 동결에 따른 조직의 이완으로 다공질조직의 초기 동해를 입은 골다공증 콘크리트를 만들기도 하고, 여름이나 봄, 가을 너무 덥거나 건조한 환경에서의 빠른 수분 증발로 내부에는 제대로 수화반응이 이루어지지 않은 상태로 존재하는 역시 골다공증 콘크리트를 만드는 경우도 있다.

사용환경에서도 갇힌 알칼리용액 속에 콘크리트가 장시간 놓이면 계속적인 수화반응으로 강도나 내구성이 증가할 수 있지만 흐르는 물이라든가 비가 왔을 경우 일시적으로 공급되었던 물이 콘크리트 내부를 통해 빠져나오게 되면 콘크리트 내부에 시멘트가 수화반응하여 만들어진 수산화칼슘이 녹아 나와(건조 시 흰 가루가 생긴 것을 백화라 함) 이 역시 콘크리트 내부는 골다공증 콘크리트가 되는 것이다.

결 언

콘크리트는 다공질을 갖는 물질로서 AE제에 의한 연행공극 및 겔공극을 제외하고는 가능한 양질의 재료, 철저한 시공 및 유지관리로 공극을 줄이도록 해야 한다. 사용 골재는 단단한 양질의 것을 사용하고, 제조과정에서는 가능한 물의 사용량을 줄이고 다짐을 철저히 하여 골다공증 콘크리트가 원초적으로 만들어지지 않도록 하며, 사용환경에서도 추위, 더위, 건조환경 등에 유념하도록 하고, 방수 등으로 콘크리트 내부에 수산화칼슘이 녹아 나오지 않게 하여 종합적으로 콘크리트가 골다공증에 걸리지 않도록 노력해야 할 것이다.

09.

콘크리트 밥이 30년인데?

서 언

[사진 2.17] 공사현장 방문 모습

아주 가끔 있는 일이지만 레미콘사 품질관리 실장의 부탁으로 건설공사 현장에 콘크리트 타설 후 클레임이 발생하여 그 원인을 규명하고자 건설현장을 방문하는 경우가 있다. 그런데 문제가 되는 대부분은 규모가 크지 않은 단독주택이나 상가 같은 소규모 공사인 경우로서 건설업면허 없이 건축주가 직접 시공하는 직영공사 형태의 소위 집장사 사장 집인 경우가 많다. 이런 경우 한결같이 막무가내식으로 "내가 콘크리트 밥이 30년인데 이런 경우는 처음이다"라고 하는 사례가 있어서 본 고에서는 그 내용을 소개해 본다.

사례 1

아무리 집장사 집이라 하더라도 본인이 살려고 하는 곳에는 특별히 신경 쓰는 경우가 있는데, 이것이 오히려 문제가 될 때가 있다. 일반적으로 단독 주택의 슬래브인 경우 물을 탄 질척한 콘크리트를 타설하고 나면 아래층 바닥으로 장맛비 내리듯 거푸집 틈새로 물이 줄줄 새는 것을 볼 수 있다. 아이로니컬하게 물을 많이 타서(가수) 강도가 안 나올 것 같은데, 그런대로 강도는 나오는 경우가 있다. 이는 물이 새어 물과 시멘트의 비율이 낮아져 가능한 것인지도 모르겠다.

몇 년 전 소위 집장사 집에 아마 본인이 거주할 목적인지 모르겠지만, 거푸집 틈새로 물이 새는 것이 신경쓰였는지 바닥 거푸집에 폴리에틸렌 필름(소위 비닐)을 테이프로 붙여 깔고 콘크리트를 타설한 것이었다. 물이 새지 않게 했다면 콘크리트 배합도 바꾸었어야 했는데, 콘크리트는 종전처럼 묽게 하여 타설 한 것이다. 그렇게 되니 거푸집 하부로 물이 전혀 새지 않고 타설된 콘크리트 표면으로 물이 떠올라 물웅덩이 혹은 연못처럼 되었다. 따라서 시공자는 수평을 잡기 위해 물웅덩이쪽으로 높은 쪽 콘크리트를 밀어 넣는 콘크리트가 일어짐(<물에 콘크리트가 일어진다면?> 참조)이 발생한 후 마무리되었다.

(출처: https://www.hapt.co.kr/news)

[사진 2.18] 콘크리트 떡정이

며칠 후 건조수축현상 때문에 사진 2.18과 같이 콘크리트 표면은 균열이 가고, 상부쪽에 시멘트 입자만이 모인 떡정이는 큰 덩어리가 되어 떨어져 나오는 상황이었는데, 과연 콘크리트 강도는 잘 발휘될지 의문이었다. 내가 현장을 방문했을 때 집장사 사장은 대뜸 "내가 콘크리트 밥이 30년인데, 이런 경우는 처음이다"라고 하는 것이었다. 물론 슬래브에 물이 빠지지 않게 한 것도 처음이었을 것이다. 잘하려고 한 것이 오히려 콘크리트를 망치게 만든 결과이었다. 물이 새지 않는 상황이면 콘크리트를 되게 하여 블리딩이 생기지 않게 하고 타설해야 한다는 것을 몰랐던 것이다.

사례 2

콘크리트에 발생하는 균열은 사용재료, 배합, 시공 및 유지관리 등 무궁무진한 영향 요인으로 발생하게 된다. 그렇지만 집장사 집 건설공사에서 슬래브에 발생하는 균열은 열에 아홉은 소성수축 균열이다. 즉 레미콘 트럭으로 싣고 온 콘크리트는 액체상태이고 이것이 시멘트의 수화반응에 따라 소성상태를 거쳐 고체상태로 변해 강도를 내게 되는데, 강도는 소성상태와 고체상태의 경계인 응결시간 중 종결이 지나야 발휘하게 된다. 따라서 종결이 이루어지기 이전인 액체상태나 소성상태에서는 강도가 '0'이다.

그런데 주택의 슬래브 콘크리트인 경우 많지도 않은 물량이므로 아침부터 콘크리트를 타설하게 되면 오전이면 작업이 끝나서 강도가 발휘되기 시작하는 종결시간은 저녁 때가 되어야 한다. 유감스럽게 콘크리트 밥 30년인 사장은 대부분 양생이라는 것을 모르고 그대로 콘크리트 표면을 건조시키게 된다. 특히 계절적으로 5 ~ 7월이면 온도가 높고, 대기 중 상대습도가 낮으며, 바람은 세게 부는 소위 빨래가 잘 마르는 계절인 것처럼 콘크리트도 잘 마르게 된다. 이렇게 마른다고 하는 것은 콘크리트 조직 중 물이 증발하면서 수축응력이 발생하게 되고, 결국 강도가 '0'인 콘크리트에 잡아당기는 힘이 생긴다는 것인데 이렇게 되면 당연히 타설된 콘크리트는 당기는 힘에 견딜 수 없어 사진 2.19와 같이 균열이 발생한다. 이러한 균열을 소성수축 균열이라 한다.

콘크리트 타설 후 당일에는 전혀 신경쓰지 않다가 콘크리트를 타설한 다음날 슬래브 위로 올라와 보면 이만 저만 균열이 발생한 것이 아닌데, 특히 레미콘의 원재료 중 잔골재 품질이 나쁘거나 고로 슬래그 미분말 등 혼화재를 다량 사용한 상황이면 엎친 데 덮친 격으로 엄청난 균열이 발생한다. 역시 콘크리트 밥 30년인 사장은 평생 처음 보는 상황이라며, 전적으로 레미콘사의 책임이라고 몰아 붙인다. 더욱이 다음날 균열이 간 콘크리트에 물도 주지 말라고 하며 "레미콘사에게 모두 변상시키겠다"라고 주장하며 난리를 치게 된다.

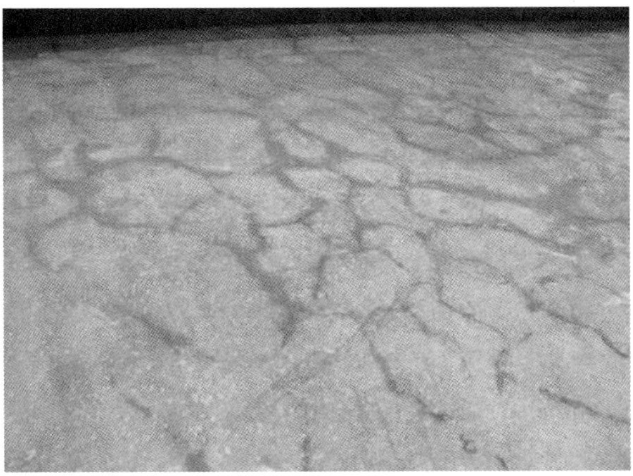

(출처: https://m.blog.naver.com)

[사진 2.19] 소성수축 균열

그러나 잘 생각해 보자. 만약 콘크리트가 아닌 흙을 파서 슬래브를 타설하였다고 해도 계속 물을 주어 마르지 않게 했다면 하루 만에 균열이 발생하였겠는가? 콘크리트도 마찬가지이다. 타설 후 마르지 않게 양생만 철저히 했더라면 콘크리트에서 건조가 발생하지 않아 수축 응력은 발생하지 않는다. 강도가 '0'일지라도 마르지 않게 하여 응력이 '0'이라면 당연히 균열은 발생하지 않는다.

그렇다면 우리나라 소규모 건축물에 발생하는 열에 아홉의 소성수축 균열은 누구의 책임일까? 레미콘사의 품질이 아무리 불량해도 나중에 건조수축 등 균열은 있을 망정, 마르지 않게 초기 양생을 성실히 수행한다면 균열은 없다. 결국 소성수축 균열만큼은 양생을 실시하지 않음에 따른 소위 콘크리트 밥 30년인 시공자 사장의 책임이 100%인 것이다.

한술 더 떠 콘크리트 밥 30년 사장은 콘크리트에 물을 타야 하는데, 물을 타지 않아 너무 세어서 균열이 갔다고 궤변을 늘어놓기도 한다. 소성수축 관점에서 보면 물을 많이 타야 표면건조가 늦어짐으로써 소성수축 균열이 적어지는 것으로 균열방지 관점에서는 수긍이 어느 정도 갈 수도 있겠지만, 결국 강도 저하 및 장기적인 건조수축은 어찌하란 말인가? 절대로 해서는 안 되는 망국병인 레미콘 가수 행위를 앞장 서서 조장하고 있는 옳지 않은 처사이다.

결 언

세상만사에서 경험만큼 중요한 것이 어디 있겠는가? 결국 콘크리트 밥 30년인 사장이 모두 잘못한 것은 아니겠지만, 전문지식에 관한 것은 최소한으로 공부도 해가면서 건설업에 동참한다면 어떨까? 하는 생각에서 기술해 본 것이다. 아무쪼록 정상적인 방향으로 많은 발전이 있길 콘크리트 밥 30년인 사장들에게 진심으로 기대해 본다.

10.
물 때 잡는다

서 언

건설공사에서 레미콘 차로 콘크리트를 운반하여 거푸집에 타설하고 나면 적당한 시간에 표면마감 기계인 그림 2.10과 같은 피니셔Finesher의 날개를 돌려주거나 흙손으로 매끄럽게 하는 등 평탄하게 고르는 작업을 실시하게 된다. 이때 피니셔 돌리는 작업을 너무 빠르거나 너무 늦게 진행하는 것은 좋지 않으며, 가장 적절한 시간을 정해야 하는데 노련한 기능공들은 호시탐탐 기회를 엿보다 '이때다'라고 하며 가장 적절한 시기에 작업을 개시한다. 이때의 가장 적절한 시간을 결정하는 일을 현장용어로 '물 때 잡는다'라고 하는데, 본 고에서는 물 때와 관련하여 적절한 물 때, 응결시간 시험방법, 물 때 잡는 기기 개발에 대하여 고찰해 본다.

적절한 물 때

굳지 않은 상태로서 레미콘 차에 실린 콘크리트는 액체이다. 반면 거푸집에 타설된 후 딱딱하게 굳은 콘크리트의 상태는 당연히 고체이다.

그런데 이와 같이 액체와 고체 사이에는 또 하나의 상태인 소성체塑性體Plastic를 생각할 수 있다. 흙을 예로 들어 설명하면 물에 잘 반죽되어 질척한 상태로서 흙을 손으로 잡았다가 펴면 물 흐르듯이 퍼져 형태가 없어지는데 이때는 액체상태이다. 반면, 흙이 잘 말라서 손으로 잡아도 손자국이 나지 않는 단단한 상태는 고체상태이다. 그렇다면 흙에 적당히 물기가 있게 반죽된 상태에서 흙을 손에 쥐게 되면 손에 쥔 모양이 그대로 남게 된다. 물론 더 큰 힘으로 쥐게 되면 더 큰 힘으로 쥐어진 모양대로 변형되어 그대로 남게 되는데, 이와 같은 물체를 '소성체'라고 한다. 그래서 토질 분야에서는 액체와 소성체의 경계점을 액성한계, 소성체와 고체 사이의 경계점을 소성한계라고 하는데, 이와 같은 상태를 실험하는 방법도 KS 표준에는 규정되어 있다.

흙뿐만 아니라 콘크리트인 경우도 마찬가지이다. 거푸집 속에서 딱딱하게 굳어지기 이전으로 강도는 내지 못하지만 어떤 형태로는 유지될 수 있는 소성체가 있다. 콘크리트 마감 기능공이 찾고 있는 물때는 바로 이 소성체인 시작점을 찾는 것이다. 결국 이와 같은 액체와 소성체 및 소성체와 고체의 경계시간을 응결시간凝結時間: **Setting time**이라고 하는데, 그중 액체와 소성체의 경계는 초결시간初結時間: **Initial setting time**, 소성체와 고체의 경계는 종결시간終結時間: **Final setting time**이라 한다.

그렇다면 표면마감 작업을 하는 기능공이 피니셔를 돌리는 작업을 초결시간보다 빠른 액체상태에서 진행하게 되면 어떻게 될까? 당연히 마감면에 기계 자국이 남아 고르지 못하게 되고, 마감작업 후 가라앉는 침하나 물이 떠오르는 블리딩현상도 있어 이 경우는 시간을 기다린 다음 2차 마감을 해주지 않으면 안 된다.

이번에는 물 때를 놓쳐 종결시점 이후에 피니셔를 돌려 표면마감하는 경우는 어떨까? 이때는 콘크리트가 너무 굳어져서 피니셔 마감이 되지 않는다. 억지로 마감을 하려고 하면 물을 뿌려가면서 작업해야 하는데 이렇게 되면 콘크리트 표면에 물과 시멘트의 비율이 커져서 결국 표면강도와 내구성이 저하하게 된다. 따라서 최적의 표면마감 시간은 초결시간이 막 지난 시점에 시작하여 종결시간 이내에 완료해야만 하는 것이다.

응결시간 시험방법

그렇다면 표면마감 기능공이 찾고 있는 소위 '물 때'를 기능공의 감에만 의존하도록 계속 내버려 두어야 할 것인가? 표준적인 시험방법 혹은 간단한 시험방법은 없는 것일까? 그럼 먼저 표준적인 시험방법인 KS F 2436 (관입 저항 침에 의한 콘크리트의 응결시간 시험방법)인 일명 프록터 관입 저항 시험법에 대하여 알아보자. 시료는 채취된 콘크리트를 가지고 5mm 체로 쳐서 모르타르 상태로 이용한다. 이 모르타르를 지름 150mm, 깊이 150mm인 원통형 용기에 140mm까지 채운 다음 외기온에 보관하면서, 사진 2.20과 같은 재하장치에 645 ~ 16mm^{2}까지 6종의 관입 침을 바꿔가면서 25mm 관입함에 따르는 하중(힘)의 크기와 처음 물을 접촉시킨 후 경과시간을 기록한다. 기록된 하중을 침의 지지면적으로 나누어 관입 저항을 계산한다. 응결시간은 경과시간에 따른 관입 저항값을 그래프에 작도하여 3.5MPa에 해당하는 경과시간을 초결시간, 28.0MPa에 해당하는 경과시간을 종결시간으로 한다.

그러나 프록터 관입 저항 시험법은 몇 가지 문제점이 있다. 즉 콘크리트를 5mm체로 쳐서 모르타르를 시료로 하는 번잡함이 있고, 또한 장비무게가 20kg 정도여서 무거우며, 6단계로 침을 바꿔가면서 저항값을 구해야 하는 복잡함이 있는 등 건설현장에서 실제로 이를 이용하기에는 어려움이 따른다. 그러므로 실제로 표면마감 작업을 진행할 때에는 프록터 관입 저항 시험기를 이용하지 않고, 못으로 찔러보거나 긁어보는 등 기능공의 감으로만 물 때를 잡고 있는 것이다.

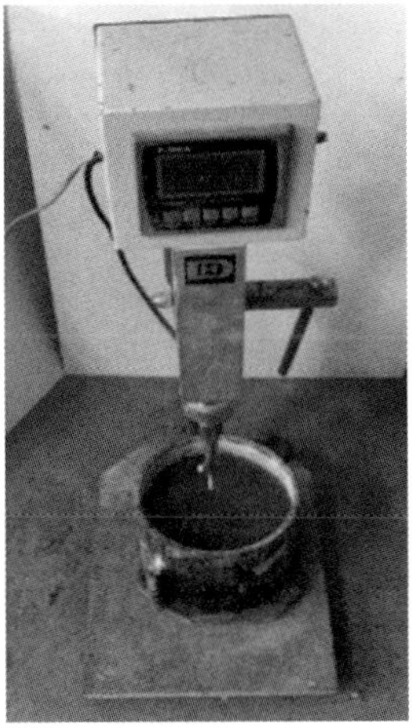

[사진 2.20] 프록터 시험기

물 때 잡는 기기 개발

따라서 필자 등은 이러한 문제점을 해결하기 위하여 손쉽게 물 때를 잡는 기기를 새롭게 고안하게 되었다. 즉 고무나 플라스틱 표면을 시계 모양의 듀로미터Durometer로 눌러 침의 관입 저항값으로 표면의 딱딱함 정도인 경도를 측정하고 있는데, 이를 콘크리트의 응결시간 측정에 이용하는 것으로서 응결시간 측정에 적당하도록 침만 바꾸어 사진 2.21과 같이 세티메터Setimeter: Setting timemeter의 머리 두 글자씩을 이용하여 만든 신조어임를 고안하게 되었다.

[사진 2.21] 세티메터 기기

이 기기는 무게가 0.13kg 정도로 가벼워 주머니 속에 휴대도 가능하고, 타설된 콘크리트 표면에서 관입 저항을 측정한 후 그림 2.7을 참조하면 간단히 응결시간인 물 때를 구할 수도 있다. 즉 그림 2.7을 참조하면 세티메터 측정값으로 45HD 전후이면 초결, 80HD 전후이면 종결로 간단하게 물 때를 잡을 수 있게 되는 것이다.

아무쪼록 전 세계 모든 표면마감 기능공이 물 때를 잡는데, 이 기기 및 방법이 널리 쓰여지기를 진정으로 기대해 본다.

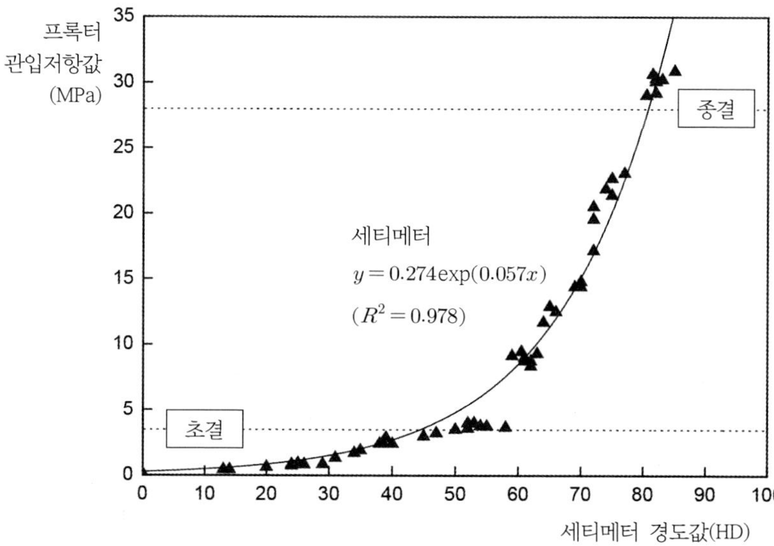

[그림 2.7] 세티메터 경도값과 프록터 관입저항값의 상관관계

11.
움직일 수 있게

서 언

우리가 삶을 사는 일상은 사진 2.22 및 2.23과 같이 춥고 더운 기온변화 외에도 해가 뜨고, 구름 끼고, 비가 오고, 눈이 오고, 건조하고, 눅눅하고, 바람 부는 등 많은 기상변화가 있다. 건축물의 경우 이와 같은 주변 환경변화에 모두 대응할 수 있도록 설계 및 시공되어져야 하는 것이 기본인데, 본고에서는 여러 기상변화 중 대표적으로 기온변화에 대해서만 고찰해 본다.

[사진 2.22] 우리나라의 여름

[사진 2.23] 우리나라의 겨울

우리나라의 기후특성

우리나라는 유라시아 대륙 동안의 북위 중위도 지역에 위치하여 기후적으로는 대륙의 영향을 받아 같은 위도의 다른 지역에 비해 연평균기온이 낮고, 연교차가 매우 큰 대륙성 기후의 특색을 나타낸다. 즉 봄, 여름, 가을, 겨울로 사계절의 변화가 뚜렷한데, 특히 추운 겨울철과 무더운 여름철은 길고, 생활하기 좋은 봄, 가을은 짧은데, 특히 1년 중에는 다른 나라에 비해 기온차가 매우 큰 것이 특징이다.

재료의 선팽창계수

우리가 어려서부터 배운 것으로 기차 철로의 경우는 온도가 높으면 늘어나고, 추우면 줄어든다는 것이었다. 그래서 기차 철로는 일정한 길이마다 끊어져 있어 늘어나고, 줄어듦에 대응하도록 하는데, 이 때문에 기차를 타고 여행할 때면 기차에서 덜그렁거리는 소리가 나는 원인이기도 하다.

이 세상의 모든 재료는 온도가 높아지면 늘어나고(반대로 줄어드는 것도 있음), 낮아지면 줄어드는데 온도 1℃ 변화에 얼마만큼 신축(늘어났다 줄어들었다 함)하는지를 선팽창계수라고 한다. 일례로 기차 철로와 같은 강재는 1×10^{-5}/℃로 알려져 있는데, 100m짜리 강재가 20℃에서 21℃로 1℃ 상승하면 얼마만큼 늘어날까? 100m는 100,000mm(1×10^{5}mm)로서 강재의 선팽창계수 1×10^{-5}/℃를 적용하면 ±가 상쇄되어 결국은 1mm가 늘어나는 결과이다. 온도가 10℃ 상승하면 10mm가 늘어나고, 반대로 10℃ 낮아지면 10mm가 줄어들게 된다. 그렇다면 우리나라의 경우 가장 추운 겨울을 －10℃로 가정하고, 가장 더운 여름을 40℃로 가정하면(직접적인 일사를 받는 경우는 50~70℃까지 상승하기도 함) 50℃의 연교차가 있는데, 결국은 25mm가 늘어났다 줄어들었다하는 결과이다.

그러면 콘크리트의 선팽창계수는 얼마일까? 다행히도 콘크리트의 선팽창계수는 강으로 된 기차 철로나 철근과 거의 같은 1×10^{-5}/℃이다. 결국 길이가 긴 철근 콘크리트 구조물의 경우는 철로의 경우와 마찬가지로 늘어났다 줄어드는 신축이 발생하는데 철근과 콘크리트는 동일한 비율로 신축을 보임으로써 이상적인 구조물이 되는 것이다.

[표 2.1] 각종 재료의 선팽창계수

종류		선팽창계수(× 10^{-5}/℃)
콘크리트	일반콘크리트	1 ~ 1.5
	PC	1.0
	모르타르	1.0
철근	철	1.0 ~ 1.2
	구리	1.7
석재	화강암	0.8
	대리석	0.5 ~ 1.4
	아스팔트	4.5 ~ 5
타일	일반타일	0.6
	아스타일	0.5
벽돌	시멘트벽돌	0.9
	점토벽돌	0.5
목재	나무	0.4
	소나무	0.5
플라스틱	플라스틱 시트	5 ~ 8
유리	일반유리	3 ~ 6
	강화유리	7.5

그런데 건설재료로는 철근 콘크리트 이외에도 벽돌, 블록, 타일, 유리, 플라스틱 등 다양한 재료가 있다. 그렇다면 이와 같은 것들의 선팽창계수는 얼마나 될까? 문헌을 조사해 보면 각 재료의 선팽창계수는 표 2.1과 같다.

선팽창계수가 콘크리트의 절반인 점토질 타일을 콘크리트에 붙이는 경우 온도변화의 영향에 의해 떨어질 수도 있고(사진 2.24 참조) 4 ~ 6배 큰 합성수지 타일의 경우는 더 큰 온도변화의 영향을 고려해야만 떨어지는 피해를 줄일 수 있다. 유리의 경우도 현재는 개스킷Gasket으로 감싸주어 신축을 잡아줌으로써 소형 유리창은 문제가 없지만, 5배 정도 큰 선팽창계수로 말미암아 꼭 맞게 설치된 대형 유리는 온도변화로 말미암아 스스로 깨질 수도 있다는 것을 이해하여야 할 것이다.

[사진 2.24] 온도변화에 따른 타일 박리

결 언

길이가 긴 기차 철로를 중간중간 끊어주는 것처럼 도로포장, 긴 방파제, 아파트 등 긴 구조물은 물론이고, 건설물을 구성하는 구조체에 붙이는 마감재까지도 온도변화에 따라 늘어나고 줄어드는 신축을 설계 및 시공에서 반드시 고려해 주어야만 하자 피해가 발생하지 않음에 유념하고, 그 피해를 방지할 수 있도록 사전에 다같이 노력해야 할 것이다.

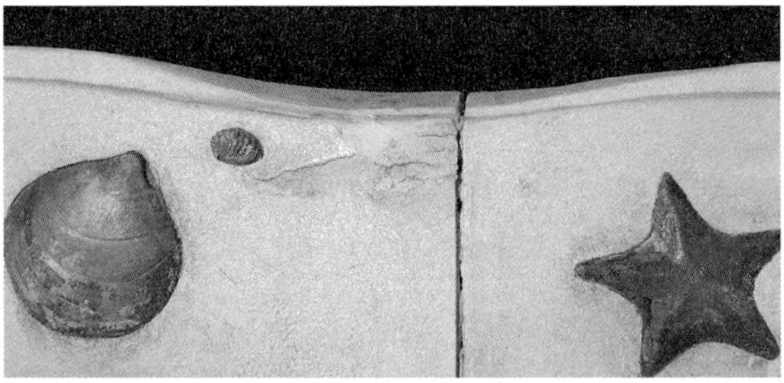

[사진 2.25] 방파제
(방파제를 끊어준 것처럼 보이지만 제대로 작동하지 않아 균열이 발생한 모습)

12.
아이로니컬한 건축물

서 언

사전에 의하면 아이로니컬Ironical이란 '풍자적인, 반어적인, 비꼬는'의 뜻이다. 우리말을 더해 '아이로니컬 하다'라고 하면 '모순적이다, 역설적이다'라는 의미가 있다. 본 고에서는 저 혼자 서 있기도 어려운 콘크리트 건축물이 내구성 면에서 오히려 멀쩡해 보이는 모순적인 의미를 담는 아이로니컬한 콘크리트 건축물에 대하여 소개해 본다.

내구성 문제

일반적으로 오래된 건축물의 진단에서는 강도 문제도 중요하지만, 내구성 요소의 검토가 더 중요하다. 중성화 및 염해에 의한 철근 부식이나 콘크리트의 균열 문제, 동결융해작용에 의한 콘크리트의 팽창붕괴 등을 들 수 있다. 당연히 진단 대상 건축물이 10MPa도 안 되는 작은 강도에 50년 이상이 지났다면 많은 열화현상이 나타나기 마련이다. 즉 시멘트 콘크리트가 알칼리성 분위기 및 건조환경에서는 철근에 부식(녹)이 발생하지 않지만, 대기 중 CO_2와 H_2O에 접하면 콘크리트가 중성으로 바뀌면서 철근의 부식 팽창으로 콘크리트에 균열 및 박락이 나타나고, 겨울철 땅에 닿는 기둥의 경우는 물의 동결융해작용에 의한 동해, 눈을 녹이기 위한 염화칼슘 살포에 의한 염해 등으로 기둥이 붕괴되어 주저앉는 듯한 피해가 나타나는 것이 일반적이다.

문제가 된 국내 모 지역의 학교건물을 조사하기 위해 사진 2.26과 같은 철근 콘크리트 건물의 내·외부를 둘러본 적이 있다. 물론 균열 부위, 철근이 노출되고 부식된 부위, 붕괴된 콘크리트를 보수한 부위 등 열화가 없는 것은 아니지만 아이로니컬하게도 피해가 적었다. 제대로 배합설계가 되지 않았고, 잘 다져 넣지도 않았다. 즉 콘크리트가 균일하지 못하고 부분적으로 재료가 나눠지는 재료분리 현상(소위 곰보)이 많이 발생하여 내부에 공극이 많았고, 시멘트도 적게 사용하여 강도가 작게 나오니 당연히 중성화, 동해 등 피해가 커야 마땅한데 아이로니컬하게도 피해가 적었다. 곰곰이 고민해보고 난 후에야 비로소 나름대로 결론을 내릴 수 있었다.

[사진 2.26] 진단 대상 건축물

아이로니컬한 상황

먼저, 중성화에 의한 철근 부식의 경우로서 당연히 작은 강도에 재료분리로 내부에 공극이 많으면 대기 중 CO_2에 의해 중성화속도는 빨라 철근 부식은 잘 일어나기 마련이다. 그러나 철근 주위에 공극이 많이 존재한다면 오히려 철근 부식의 팽창물질이 공간을 채워주는 것으로 작용함으로써 콘크리트에 균열을 발생시키는 팽창력을 일으키지 못해 콘크리트 균열이나 박락을 적게 일으킨 것으로 생각된다.

두 번째로 땅에 접한 기둥의 동해에 관한 것이다. 기둥 주위에 선홈통이 있어 겨울철 물이 공급되고 땅에 접해 있으므로 추운 겨울 날씨에 콘크리트가 얼었나 녹았나를 50년 이상 반복한 경우이다. 물론 그 당시는 AE제도 없어 공기함유량도 없었을 것인데, 항아리 속에 물이 담겨져 겨울철에 얼면 항아리가 깨지는 것처럼 틀림없이 기둥 콘크리트는 팽창압에 의해 균열이 발생하고 파괴되어 주저앉는 등의 피해가 발생하는 것이 기본이다. 그러나 왜 50년 이상 경과했어도 멀쩡한 것일까? 결국 항아리라는 단단한 구조체 안에서 물이 얼었을 때 부피가 팽창하며 깨지는 것으로, 콘크리트가 적당히 치밀한 조직으로 내부는 건조되어 있고, 외부로부터 물이 침투되는 상황에서 얼었다 녹았다를 반복할 때에는 물의 동결팽창압으로 콘크리트 표면부터 균열이나 붕괴 등 동해가 발생하는 것이다. 그런데 콘크리트 조직이 거칠고 재료분리로 내부에 공극이 많은 상황이라면 물의 침투가 쉽기도 하지만, 쉽게 빠지기도 하고, 또한 콘크리트가 겨울에 얼더라도 표면과 내부가 함께 얼고, 함께 녹으니 표면에서만 물이 침투하여 얼었다 녹았다 하는 상황보다는 동해 피해가 적게 발생하는 것이다. 참으로 교과서에도 나와 있지 않은 아이로니컬한 상황인 것이다.

기타의 경우

실무에서도 이와 유사한 상황은 많다. 일례로 시멘트의 강한 알칼리와 반응성을 나타내는 실리카 성분의 골재가 물과 함께 반응하여 팽창하는 일명 인간의 '암'과 같은 콘크리트의 알칼리골재반응이 있다. 당연히 시멘트의 알칼리 성분이 적고 반응성 실리카 성분을 포함하지 않는 골재로 제조된 콘크리트는 알칼리골재반응에 의하여 팽창을 일으키지 않는다. 그렇다면 반대의 경우로서 강한 알칼리성 시멘트에 반응성 골재를 100% 사용하는 경우라면 엄청난 팽창을 일으켜야 하지만 의외로 팽창하지 않는 경우가 있다. 그러나 아이로니컬하게 반응성 골재를 20 ~ 50% 사용하고 강한 알칼리성 시멘트를 사용하는 조건이라면 최대 팽창을 일으키는 페시멈Pessimum 현상도 있는 것이다.

철강재의 경우도 일반적으로 강재는 인성이 큰 재료로 알려져 있지만 250℃ 부근에서 인장강도는 최대로 되나 반대로 연신율은 최소가 되어 쉽게 부서질 수 있는데 이를 청열취성(青熱脆性)이라 하고, 0℃ 이하의 저온에서도 이와 유사한 현상의 저온취성(低溫脆性)이 있는데, 이러한 현상들 또한 비전문가이거나 경험이 충분하지 않은 전문가 입장에서 본다면 아이로니컬한 일이 아닐 수 없다.

13.
방수 문제인가?
결로 문제인가?

서 언

여름철 철근 콘크리트로 만들어진 건물의 지하실 외부로 면한 벽에 물방울이 송글송글 맺혀 있다. 이것은 방수가 안 되어 생긴 것인지 아니면 결로로 생긴 것인지? 문제의 원인을 분명히 밝혀내야 원인에 따른 대처로서 문제를 해결할 수 있다. 즉 구조체에서 물이 새는 것이라면 방수로 해결하면 되겠지만, 결로가 문제라면 단열로 해결해야지 아무리 훌륭한 방수를 몇 번이고 거듭해도 물방울이 맺히는 현상은 해결되지 않는다. 본 고에서는 이러한 상황 진단에 관한 것부터 문제의 해결방안까지에 대하여 기술해 본다.

방수인지 결로인지의 구별법

전문가라면 콘크리트 구조체에 물방울이 맺힌 상황이며, 시기나 위치 등을 종합적으로 분석해보면 그것이 방수 문제인지, 결로 문제인지를 즉시 알 수 있다. 즉 방수 문제라면 지하실 외벽 바깥쪽의 수압을 받아 콘크리트 벽을 뚫고 내부로 물이 나오는 상황인 것이고, 결로라고 하면 여름철 높은 온도에 많은 수증기를 포함한 높은 상대습도의 공기가 지하실의 찬 벽에와 닿으면서 낮은 온도에서 포화점에 이른 물방울이 콘크리트 벽면에 맺히는 것이다. 온도가 높을 경우는 공기 중에 수분을 많이 포함할 수 있지만 온도가 낮아지면 포함될 수 있는 수분량이 적어져서 결국 두 차이만큼의 수분량이 물방울로 되어 콘크리트 표면에 맺히게 되는 것이다. 따라서 결로 문제는 온도차를 없애는 벽의 단열로 해결해야만 하는 것이다.

이와 같이 설명하면 여름철 지하실 외벽에 맺힌 물방울이 방수 문제인지 아니면 결로 문제인지를 진단할 수 있겠지만 그래도 비전문가나 초보자라면 과학적인 방법으로 확실한 진단이 필요할 수 있다. 이때는 우선 벽면에 생긴 물방울을 일부만이라도 수건 등으로 제거하고, 그 위치에 얇은 폴리에틸렌 필름(소위 비닐)을 붙인 후 다음날 확인하면 알 수 있게 된다. 즉 비닐 표면은 말라 있는데, 비닐 안쪽인 벽쪽에 물기가 있다면 벽을 뚫고 나온 물이므로 방수에 문제가 있는 것이고, 반대로 이번에는 벽쪽은 말라 있는데, 비닐 표면에만 물기가 있다면 실내의 습한 공기가 찬 벽에 달라붙어 맺혀진 결로가 문제인 것이다. 물론 비닐 안쪽에도 물기가 있고, 표면에도 물방울이 맺혀 있다면 이것은 방수와 결로 모두에 문제가 있는 것이다.

이렇게 하여 문제를 찾았다면, 그다음에는 해결방법을 강구해야 한다. 그러면 방수와 결로의 해결법에 대하여 알아보도록 한다.

콘크리트 구조물의 방수

지하의 콘크리트 구조물인 경우 그림 2.8과 같이 어느 정도 두께를 가지고 밀실한 수밀 콘크리트로 시공된 경우라면 물이 새지 않는다. 그러나 단면이 얇은데 큰 수압이 작용할 경우 혹은 재료가 분리된 곳, 균열이 있는 곳, 이음 부위나 관통 철물이 있는 곳 등 콘크리트 내부 결함이 있는 경우는 누수되기 쉬운데, 이러한 곳은 방수공사를 실시함으로써 물이 새지 않도록 해야 한다.

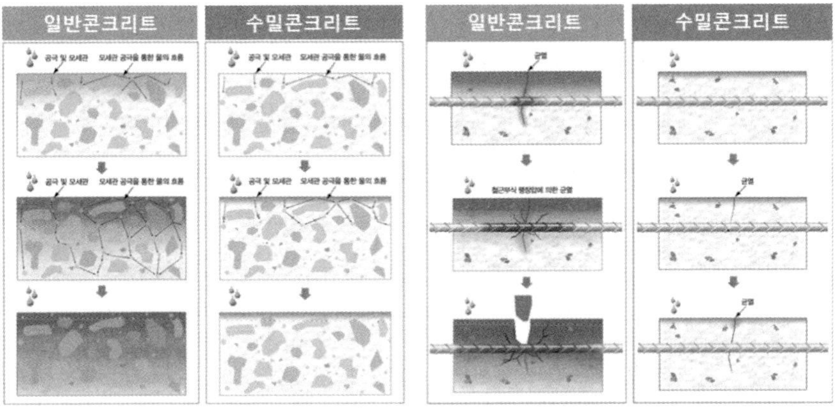

1) 콘크리트의 흡·투수 모식도　　2) 콘크리트 균열부 내구성 저하 모식도

[그림 2.8] 콘크리트 구조물에서의 누수 상태

방수공사로는 방수재료를 구조체 표면에 붙이거나 발라서 일정한 두께로 만들어진 방수층을 형성하는 작업으로서 지하실은 안방수와 밖방수로 나누는데, 지하실뿐만 아니라 모든 경우에 다음과 같은 것이 있다.

(1) 멤브레인 방수: 일정한 두께의 방수층을 형성해 주는 것으로서 아스팔트방수, 합성고분자 시트방수, 도막방수, 복합방수 등이 있다.
(2) 시멘트 모르타르 방수: 시멘트 모르타르에 방수액을 혼합해 주는 것으로서 무기질계, 유기질계, 혼합계, 폴리머 방수공사, 수화응고제 도포 등이 있다.
(3) 규산질 침투성 도포 방수: 붓으로 칠하는 등의 방법으로 규산질 물질을 침투시키는 것으로 규산염 화합물, 규산불소 화합물계, 시멘트 혼합계 등이 있다.
(4) 금속판 방수: 수밀성 금속판을 붙이는 것으로 스테인리스 시트방수, 동판, 납판 등이 있다.
(5) 실링 방수: 틈을 채워주는 형식으로 실리콘계, 변성실리콘계, 폴리 설파이드계, 아크릴우레탄계, 폴리우레탄계, 아크릴계 등이 있다.

(6) 발수 공사: 콘크리트 표면에 표면장력을 크게 하여 물을 밀어 내도록 하는 것으로 실리콘계, 비실리콘계, 혼합계 등이 있다.
(7) 기타: 2중 벽쌓기로 누수된 물을 배수도랑을 통해 집수정으로 연결시켜 펌프로 배수하는 방법이나 기타 방법이 있다.

지하실 방수의 경우는 수압력 크기에 따라 방법을 달리 정하는데, 수압이 작은 경우는 안방수도 가능하지만, 수압이 크면 밖방수가 바람직하고, 최근에는 2중 벽쌓기로 하는 경우도 많다.

(출처: http://www.king04.com)

[사진 2.27] 방수공사 현장

콘크리트 구조물의 결로방지

결로는 여름철 혹은 겨울철 온도차가 클 경우 수증기의 포화 문제와 연관하여 발생하는데, 환경적인 대응과 단열 방법적인 대응이 있다.

환경적인 대책은 공기 중 함유된 수증기량을 줄이는 대책으로 빨래건조, 가습기 등의 사용은 가능한 억제하고, 에어컨 혹은 제습기 등을 사용하여 실내습도를 낮춰주어야 한다.

단열 방법적인 대책으로는 건축물 공사 시 외부벽쪽 바깥에 흙을 되메우기 전 콘크리트 벽면에 스티로폼, 버블 시트 등 단열재를 시공하는 것이 제일 좋은 방법이다. 즉 이슬 맺힘 위치가 콘크리트 구조체의 외부에 생기도록 하는 것이 제일 좋은 방법이다. 그러나 모든 공사가 완료된 다음에 생기는 것이라면 이제는 어쩔 수 없이 콘크리트 내부쪽에 단열 시공을 해주게 된다. 방법으로는 단열보드, 단열폼 시공, 단열 미장, 단열 페인트 등이 있는데 그 성능은 성적서 등으로 확인·비교하여 선택·시공하도록 한다.

결로는 여름철 지하실뿐만 아니라 겨울철 벽면, 슬래브, 유리창 등에도 발생할 수 있다. 원리는 동일하므로 환경적인 고려 혹은 단열방법 등을 검토하여 효과적인 방법을 택하도록 해야 한다.

(출처: http://www.phiko.kr/bbs)

[사진 2.28] 콘크리트 구조물에서의 결로 피해 사례

제 3 장

CONCRETE STORY

특수 콘크리트

01.

추워서 얼어 죽지 않으려면?

서 언

겨울철 추운 날이면 "아이 추워! 얼어 죽겠다"라고 말한다(사진 3.1). 사람이 얼어 죽을 지경이면 콘크리트는 어떨까? 물론 성인이 된 것과 같이 굳어진 콘크리트는 큰 문제가 없겠지만, 갓난아이와 같이 막 부어넣은 콘크리트라면 쉽게 얼어 죽을 수도 있다. 따라서 본 고에서는 막 부어넣은 콘크리트가 추워서 얼어 죽지 않으려면 어떻게 해야 하는가에 대하여 고찰해 본다.

얼어 죽는 초기동해란?

일평균 기온이 4℃ 이하(최저 기온은 영하가 됨)가 되는 추운 겨울철에는 콘크리트 공사와 같이 물을 사용하는 공사는 진행하지 않는 것이 좋다. 이때는 사람도 추워서 일을 못하는 것은 물론이고, 추운 겨울에 콘크리트 속의 물이 얼게 되면 인간의 사망과 같은 초기동해와 강도 지연발현 등 많은 문제점이 발생하기 때문이다. 이 중에서도 사진 3.2와 같은 초기동해는 치명적이다.

[사진 3.1] 겨울철 추위

[사진 3.2] 초기동해 피해 현장(짙은색 부분)

초기동해란 거푸집에 콘크리트를 부어넣고 강도가 발휘되기 전 혹은 작게 발휘된 상황에서 콘크리트가 얼게 되면 조직의 이완으로 균열, 강도 저하 및 내구성에 큰 피해가 나타나기 때문이다. 다른 각도에서 콘크리트의 강도발현은 시멘트 입자가 물과 반응하여 인근 시멘트와 달라붙고 결합됨으로써 발휘되는데, 겨울철 지온으로 말미암아 시멘트는 기의 수화반응 물질이 생기지 않은 상태에서 시멘트 입자 사이에 있는 물이 얼어 9%의 체적팽창(오각형 물분자가 육각형으로 바뀜에 기인)이 발생하게 되면 시멘트와 시멘트 사이를 멀리 밀어내는 조직의 이완이 발생한다. 물론 이때 이완되었던 조직의 얼음이 녹게 되면 다시 약간은 원위치로 되돌아오기도 하지만 거의 대부분은 되돌아오지 않고 남게 되는데, 이것이 조직 이완이다. 더군다나 물이 있는 상태에서 며칠간 얼었다 녹았다를 반복하면 조직 이완은 더욱 크게 발생한다.

이렇게 되면 심한 경우는 손으로 콘크리트를 잡았을 때 부슬 부슬 부서져서 못 쓰는 상태가 되고 만다. 따라서 일반적인 결함 보수로서 균열은 때우면 다시 쓸 수 있는 방법이 되지만, 조직이 이완된 초기동해는 어떤 방법으로도 원위치가 불가능하여 헐어내고 다시 공사해야만 하는 치명적인 결함이 되는 것이다. 그렇기 때문에 초기동해는 인간으로 말하면 어린 자식이 얼어 죽는 것과 같아 하루속히 초기동해 피해 부분을 정확히 진단하여 조직이 이완된 콘크리트 표면을 걷어낸 다음 재시공할 수밖에 없는 것이다. 그만큼 초기동해는 무섭고 치명적이다.

추운 겨울에는 심각한 초기동해 문제가 발생하므로 콘크리트 공사는 가능한 하지 말아야 한다. 그러나 최근의 초고층 건축물과 같은 경우 겨울철 엄동 3개월을 쉬게 되면 공사기간이 늦어져서 은행융자에 따른 이자 비용과 같은 금융비용 문제가 크고 또한 건설현장 기능공들의 계절적 실업 문제 등 여러 조건을 감안하면 일부 돈을 더 들이고라도 공사를 진행할 수밖에 없게 된다. 따라서 이와 같은 경우 초기동해를 방지하면서 공사할 수 있도록 국가적으로 규정한 것이 콘크리트 표준시방서의 '한중 콘크리트' 부분이다.

얼어 죽지 않게 하려면

어떻게 하면 초기동해를 막을 수 있겠는가? 답은 어느 정도까지 시멘트와 물이 수화반응하여 조직이 치밀하게 됨으로써 강도를 내게 되면 그 이후로는 콘크리트 속에 물이 얼게 되더라도 피해를 입지 않게 되는 것이다. 여기서 초기동해 방지는 강도로 말을 하고 있지만, 엄밀히 말하면 조직변화의 문제이다. 즉 시멘트와 물이 반응하여 수화물이 만들어지면 최초의 시멘트와 물의 합인 부피보다 수화생성물의 부피가 작아지는 수화수축이 자기수축으로 나타나게 된다. 물의 동결팽창이 자기수축과 같거나 그 이하이면 문제가 없게 되는데, T. C. Powers는 이때의 한계점인 콘크리트의 압축강도를 2.9MPa라고 논문에 보고하고 있다. 따라서 미국콘크리트학회(ACI)에서는 여기에 안전율을 고려하여 3.5MPa라 했고, 우리나라 및 일본에서는 여기에 안전율을 고려하여 5.0MPa로 하여 콘크리트표준시방서에 규정하고 있는 것이다. 즉 콘크리트를 부어 넣고 5.0MPa까지는 절대 얼지 않게 하면 얼어 죽는 초기동해 피해는 발생하지 않는 것으로 초기양생의 한계시간이 되는 강도 및 측면 거푸집의 탈형이 가능한 강도 등에 최소한의 강도로 규정하게 된 것이다.

그렇다면 콘크리트를 부어넣고 5.0MPa가 발휘될 때까지의 양생이 중요한데, 어떠한 양생법이 있을까? 인간으로 비유하여 생각을 정리해 본다. 즉 추운 겨울철 얼어 죽지 않으려면 어떻게 할까? 다양한 방법이 있을 것이다.

첫째로는 불을 피워 따뜻하게 하는 '가열 보온 양생 방법'이다. 이중 집 안에 공기를 따뜻하게 덥히고 그 안에 있는 방법으로 '공간가열 양생 방법'이다. 일본 삿포로의 경우를 예로 들면, 겨울철 삿포로는 기온이 저온임은 물론이면서 매일 저녁 눈이 오는 것이 특징이다. 이럴 경우는 건설하려고 하는 집 주위에 양생상옥이라고 하는 몇 층을 수용할 만한 가설 집을 지어 놓고 그 안에서 난방을 하고 겨울철 내내 몇 층의 한중 콘크리트 공사를 진행하는 방법을 택한다. 이 방법은 가장 이상적인 방법이지만 돈이 많이 드는 것이 문제이다. 기타 가열 양생 방법으로는 난로불 앞에서 불을 쪼이고 있는 것처럼, 표면 가열 양생 방법이나 콘크리트 내부에 니크롬선을 배선한 후 전기로 가열하는 내부 가열 방법이 있다.

두 번째로는 두꺼운 옷을 입는 것과 같이 '단열 보온 양생 방법'이다. 물론 시공하고자 하는 둘레는 비계에 천막 등을 이용하여 바람을 막고, 타설된 콘크리트 주위로는 단열재로 감싸주어 콘크리트 내부에서 시멘트 수화 과정의 열을 지켜주는 것이다. 따라서 거푸집에 스티로폼 등 단열재를 대어 찬 외기온을 막아주고, 슬래브 등 노출된 표면에는 사진 3.3과 같은 2중 버블시트 등의 단열재로 감싸주면 일 최저기온 −10℃ 이하로 내려가는 경우가 드문 우리나라의 기상조건에서는 가장 효율적인 방법이 된다. 물론 단열재는 수십 번도 반복 사용할 수 있으므로 무엇보다 경제적이다.

이외에도 한중 콘크리트의 초기동해를 방지하는 양생방법으로 추울 때 독한 술을 마시면 추위를 어느 정도 막을 수 있는 것처럼 콘크리트 제조 시 어는 온도를 낮추고 빨리 강도를 내는 방법으로 폐부동액을 넣어주는 방법이나 아질산 칼슘 등을 용해한 내한촉진제를 이용하는 방법, 니크롬선을 거푸집에 붙인 발열 거푸집을 이용하는 방법, 여러 가지를 복합하는 복합법 등의 아이디어를 내게 되면 수많은 방법이 가능할 수 있다.

[사진 3.3] 버블시트 양생 현장

02.
더워 죽지 않으려면?

서 언

우리나라는 아시아대륙 북동쪽에 위치한 반도국가로서 같은 위도의 다른 지역에 비해 연평균 기온은 낮지만, 연교차가 매우 큰 대륙성 기후의 특색을 나타낸다. 겨울철에는 얼어 죽겠다고 하고, 반대로 여름철에는 더워 죽겠다고 한다. 따라서 콘크리트의 경우도 마찬가지로 겨울철에는 추워 죽지 않기 위한 '한중 콘크리트'가 규정되어 있고, 여름철에는 더워 죽지 않기 위한 '서중 콘크리트'에 대한 규정이 있는데, 본 고에서는 서중 콘크리트의 문제점과 더워 죽지 않기 위한 대책에 대하여 고찰해 보고자 한다.

여름철 콘크리트의 문제점

일평균 기온이 25℃ 이상 되는 더운 여름철에는 겨울철 한중 콘크리트처럼 작업 불능기간으로서 기본적으로는 콘크리트 공사를 하지 않는 것이 원칙이다. 그러나 이 또한 한중 콘크리트와 같이 공기 준수 등의 이유로 더워도 공사를 할 수밖에 없는 것이 현실임에 서중 콘크리트 대책에 맞춰서 공사를 진행할 수밖에 없다.

[사진 3.4] 여름철의 더위

그런데 한중 콘크리트에는 초기동해라는 그야말로 콘크리트가 얼어 죽는 문제점이 있지만 서중 콘크리트에는 그런 것은 없고, 단지 더위에 대한 대책만을 마련해야 하는데, 만약 여름철 특별한 대책을 마련하지 않고 콘크리트를 타설하게 되면 다음과 같은 3가지의 중요한 문제점이 발생한다.

(1) 압축강도 저하

일반적으로 겨울철에는 온도가 낮아 수화반응이 지연됨에 따라 강도가 낮아진다고 하니 여름철에는 온도가 높으니까 이번에는 강도가 더 잘 나오지 않을까 하는 생각이 든다. 그러나 몇 가지 이유에서 실제로는 그림 3.1과 같이 그렇지 않다.

먼저, 레미콘은 공산품으로 4계절 내내 동일한 강도를 발휘하도록 배합되는데, 여름철 외기온이 높아 콘크리트의 수분 증발이 빠르고 시멘트의 수화반응 속도도 빠르므로 동일 반죽질기로 레미콘을 만든다고 해도 공사 현장에 도착하면 되게 바껴서 일하기 곤란하기 때문에 제조과정에서든, 시공과정에서든 알게 모르게 물이 더 들어가기 마련이다. 따라서 여름철 콘크리트는 물과 시멘트의 비율이 커져 결국 강도는 저하하게 된다.

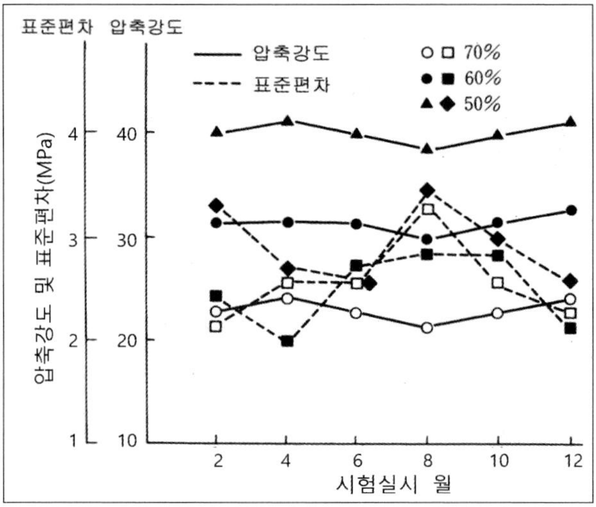

[그림 3.1] 서중 출하 레미콘의 강도와 표준편차

여름철 고온의 거푸집이나 철근의 영향 및 강한 일사가 내리 쪼일 때에는 콘크리트의 온도도 고온이 되는데, 초기에 고온이 되면 1~3일 등 조기에는 강도가 높게 나타나지만, 후기로 시간이 경과할수록 강도는 크게 증진되지 않아 낮은 온도에서 양생된 것보다 작아지는 강도 역전현상이 나타난다. 알기 쉽게 콩을 볶는 것으로 비유하여 설명한 <뜨거운 것이 좋은 것만은 아니다>를 참조하면 이해할 수 있을 것이다.

이외의 강도저하 요인으로 여름철에는 시멘트 생산에서도 풍화를 막기 위해 시멘트 분말을 좀 더 굵게 분쇄함으로써 강도를 낮아지게 하는 요인, 레미콘 제조과정에서도 플라이애시나 고로슬래그 미분말의 치환율을 높게 하는 경우가 있는데 수화반응이 충분히 일어나지 않는 양생환경에서는 강도가 저하될 수 있는 요인이 된다. 콘크리트 타설 기능공의 경우도 더위에 체력적으로 지치는 환경이 되다 보니 다짐을 충분히 해주지 못하는 요인 등의 이유로 강도는 낮아질 수 있다. 따라서 우리나라 시방서에는 규정이 없지만 일본 건축공사표준시방서에는 서중 콘크리트 시공의 경우 고온에 따라 낮아지는 강도를 고려하여 설계기준강도에 6MPa를 플러스(+)해 주도록 규정하고 있다. 일례로 여름철 설계기준강도가 24MPa라면 레미콘에 주문하는 호칭강도는 24 + 6 = 30으로 30MPa를 주문하도록 규정하고 있는 것이다.

(2) 균열 증가

여름철 날씨가 더워 죽을 정도인 경우에 콘크리트를 타설하면 여러 요인에 의해 균열이 많아진다. 첫째로 콘크리트의 가라앉음 정도 차이 때문에 발생하는 침하균열을 방지하기 위하여 돌려치기를 한다고 할 때, 온도가 낮을 때보다 콘크리트가 굳어지는 응결시간이 빠르게 발생하는데, 이렇게 되면 먼저 타설한 콘크리트와 나중 타설한 콘크리트가 일체화되지 않고 층으로 균열처럼 남게 되는 경우가 있다. 이를 콜드 조인트Cold joint라고 하며 미관, 강도, 내구성, 방수 등에 많은 문제가 발생할 수 있다.

여름철에는 온도가 높은 만큼 콘크리트 표면에서 수분 증발이 빨라 균열 발생이 쉬워진다. 즉 균열의 본질에서 설명한 것처럼 강도가 미처 생기지 않는 상황에서 빠른 건조로 수축응력이 크게 발생하면 결국 균열지수는 작아져 반드시 균열이 생기는 상황이 발생한다.

이외에도 여름철에는 고로슬래그 미분말 등 혼화재 치환율이 높아지는데, 특히 고로슬래그 미분말은 후기로 갈수록 수축이 커져서 균열을 키우는 원인이 되고 있다. 아울러 더운 여름철은 슬럼프 저하 및 힘든 콘크리트 타설을 용이하게 하기 위한 목적으로 가수된 레미콘은 강도 저하는 물론이고, 장기간에 걸쳐 콘크리트가 마르면서 부피가 줄어드는 건조수축이 커져 균열이 많아지고, 여름에 타설하여 온도의 영향으로 부피가 늘어나 있는 콘크리트가 가을이나 겨울이 되면 낮아진 온도로 선팽창계수만큼 길이가 줄어들면 균열이 추가로 발생할 수도 있다. 특히 매스 콘크리트인 경우는 높은 수화열에 외기온도까지 높아 콘크리트의 온도가 매우 높아짐으로써 결국 수화열에 의한 균열도 크게 발생할 수 있는 것이다.

(3) 내구성 저하

기본적으로 콘크리트 강도가 저하하고 균열이 증가하면 내구성은 저하하게 마련이다. 그러나 이외에도 여름철 더운 환경에서 타설한 콘크리트는 내구성 면에서 다음 요인에 의하여 추가적으로 작아질 수 있다.

먼저 여름철 콘크리트의 온도가 올라가면 겨울철 얼었다 녹았다를 반복하는 동결융해작용에 대한 저항성을 높이기 위해 AE제를 넣어 공기량을 일정량(4.5% 전후)으로 유지되게 하는데 이것에 문제가 발생한다. 즉 온도가 낮으면 물의 밀도가 높아 큰 점성으로 AE제로 발생시킨 공기가 빠져나가기 어렵지만 여름철 온도가 높아지면 물의 밀도가 낮아 점성이 낮아지면 어렵게 발생시킨 공기가 쉽게 빠져나가 결국은 공기량 부족으로 이어진다. 따라서 여름철 레미콘 생산에서는 그만큼 AE제를 더 넣어주어 공기량을 맞춰 준다면 문제가 없지만, 그렇지 않으면 공기량 부족에 의해 동결융해에 따른 내구성 저하가 발생할 수 있다.

또한 여름철에는 플라이애시 및 고로슬래그 미분말 등 혼화재를 시멘트 대신 치환하는 양이 늘어나게 되는데, 이렇게 되면 결국 시멘트 사용량이 줄어들면서 알칼리양도 줄어들게 되어 대기 중 탄산가스 침투에 의한 중성화가 빨라져 결국 내구성이 저하되어 건물의 수명이 단축된다.

더워 죽지 않기 위한 대책

결론적으로 여름철에는 더워서 죽을 정도로 기온이 높아 콘크리트에 문제가 생기는데, 대책으로는 덥지 않게 혹은 더워도 문제가 생기지 않게 하는 것이 대책이다.

대표적인 방법으로 재료는 가능한 한 그늘을 이용하여 덜 더워지도록 보관하고, 제조과정에서도 AE제 추가투입, 지연제 사용 및 냉풍이나 얼음 등을 이용하여 현장에 싣고간 레미콘의 온도가 35℃ 이하가 되도록 한다. 콘크리트 타설 시에는 차양막 등을 이용하여 거푸집, 철근을 포함하여 콘크리트의 온도가 높아지지 않도록 한다. 가장 이상적으로는 알루미늄 증착층(소위 은박지)을 이용한 1중 버블시트 혹은 백색 1중 버블시트와 같은 양생재를 콘크리트 표면에 덮어주면 일사에 의한 온도 증가를 막고 또한 수분증발까지도 막아 온도상승 방지와 균열 방지에도 효과가 좋다.

아울러 여름철 콘크리트 타설 시에는 기능공들에게도 얼음주머니를 넣은 작업복을 입게 하거나 선풍기 바람에 의한 통기 등의 대책과 시원한 음료 및 휴게공간 마련 등 시공관리자의 세심한 배려가 필요하다.

03.
명품의 정의

서 언

명품名品: Luxuries의 사전적 의미는 '오랜 기간 동안 사람들 사이에서 사용되며, 상품적 가치와 브랜드 네임을 인정받은 고급품을 일컫는 말'이라고 되어 있다. 이런 것들은 기업의 고급화 전략과 맞물려 상당히 높은 가격대를 형성하는 경우가 많다. 보통 명품이란 단어는 국내의 경우 의류, 가방, 신발 등의 패션 아이템을 지칭할 때 쓰는 경우가 많지만 자동차, 화장품, 전자기기, 음식 및 기타에도 다양하게 지칭될 수 있다.

그런데 어느 날 학교 출근길에 라디오 방송을 듣고 있는데, 난센스적인 질문이지만, "명품의 정의가 무엇인지 아십니까?"라고 하는 것이었다. 얼마 지나 답은 "짝퉁이 생기면 그 오리지널 제품은 명품입니다"라고 하는 것이었다. 필자가 개발한 버블시트와 관련하여 나름대로 공감하는 부분이 있어 본 고에서는 그런 내용과 관련한 것을 소개해 보고자 한다.

버블시트 개발

겨울철 한중 콘크리트 시공공법 중에는 필자가 정년퇴임 기념 수필집으로 발행한 『내 사랑 콘크리트』의 제3장, 제3절인 '두드리는 이에게는 열릴 것이니라'에서 소개한 버블시트가 있다(사진 3.5). 겨울철 한중 콘크리트 시공에서 콘크리트가 어는 것을 방지하기 위해 에어캡(속칭 뽁뽁이)에 중간 막을 두고 2장을 겹쳐 2중 버블시트(1~4중도 있음)라고 하는 콘크리트의 표면 피복양생재를 개발한 바 있다. 언뜻 보기에는 별거 아닌 것처럼 보이지만 우리나라 겨울철 환경에서 타설된 콘크리트 상부 표면을 2중 버블시트로 덮어 주면 외기온이 -10℃가 되더라도 콘크리트가 얼지 않아 종전의 블루시트(파란색 천막)로 막을 씌우고 갈탄 등 불을 피우는 것보다 간단하고, 환경친화적이며, 경제적인 방법이 되고 있다.

[사진 3.5] 내 사랑 콘크리트 표제지

에어캡 2장을 겹치는 방법으로 완성된 간단한 내용이지만, 이것을 완성하기까지는 실험에 실험을 거듭하고 많은 현장적용까지의 시행착오도 겪어가며 결국은 특허출원과 국토교통부의 건설 신기술 제660호로 등록하기에 이르렀다. 하나의 기술이 정착되기까지는 수없이 많은 기술소개, 교육 및 시범시공 등을 거쳐 확립되어지는데, 그 과정 또한 만만치 않은 일이었다. 무수히 많은 노력 끝에 이제는 우리나라에 하나의 기술로 정착되어 여러 현장에서 보편적으로 사용하게 되었다.

연구실 발전에 기여

그렇다 보니 필자의 평생에서도 가장 보람된 일을 꼽으라고 하면 분리저감형 유동화제에 의한 준고유동 콘크리트 개발, 잔디가 자라는 식생 콘크리트 개발, 설탕을 이용한 매스 콘크리트의 응결시간차 공법 개발, 재료배합을 고려한 수화발열량차 공법 개발, 화재 시 폴리론 섬유에 의한 초고강도 콘크리트의 폭렬 방지공법 개발, 폭탄투하에도 부서지지 않는 방폭 콘크리트 개발 등 무수히 많은 것들 중에서도 이것이 으뜸이 되는 개발이었다. 신기술 신청에서는 3번을 낙방하고 4번째에 되어 어려움도 많았지만, 연장심사에서는 그동안 수백 건의 심사 중 연장기간이 가장 긴 것에 속하는 8년을 인정받는 쾌거도 있었다.

물론, 그동안 특허, 신기술 사용에 따른 기술료 수입도 짭짤하였다고 생각된다. 매년 10여 명 전후의 석·박사 학위과정 대학원생들에게 등록금 전액 지원과 생활비 일부 및 경비지원, 학부의 실험연구에 참여하는 학생들의 인건비 지원, 실험연구에 필요한 제반 경비 등 연구실 운영비를 지원할 수 있었으니 말이다. 따라서 정년퇴임까지 연구비 걱정 없이 연구를 진행하였고, 연구실을 운영할 수 있었으니 참으로 행복하였다.

아마도 청주대학교측 입장에서는 필자의 기여가 미약하였겠지만, 그래도 학교에 대한 노력을 인정하여 현재의 명예 석좌교수로 임명해준 것이 아닌가 생각되어 고맙게 생각된다.

짝퉁의 등장

명예 석좌교수로 2년 정도 지나고, 학교 규정상 최대한 혜택이 주어진다면 3년이라는 기간이 남았는데, 어느 날 갑자기 공동 신기술 개발자인 선ENG측으로부터 짝퉁이 나타났다고 샘플을 가지고 왔다. 깜짝 놀라지 않을 수 없었다. 정신이 멍해지는 것을 가다듬고 마음을 안정시킨 다음 짝퉁을 살펴보았다. 전체적인 모습은 우리의 것과 비슷하지만, 어설픈 면이 있었다. 그러나 가장 마음에 걸리는 것은 가격이었다. 저품질에 저렴한 가격으로 파고들어 시장을 혼탁하게 만들 셈이 아닌가 하는 생각이 들었다. 안타까운 마음 금할 길이 없었다.

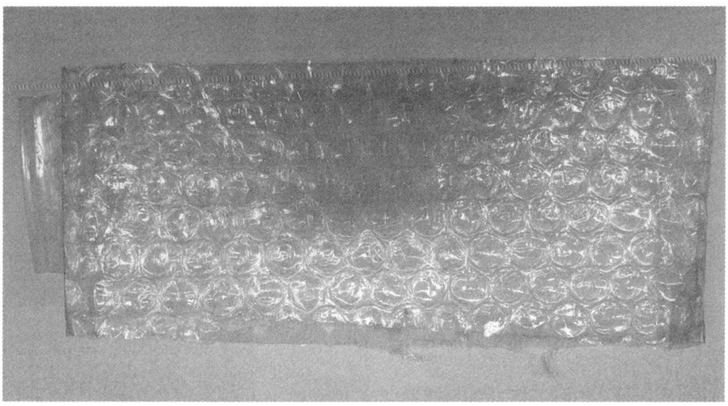

[사진 3.6] 짝퉁 버블시트

그러나 지난 과거를 곰곰이 돌이켜 생각해 보았다. 일본 삿포로에 있는 북해도대학에서 1년간 Post-Doc. 연수를 수행하는 기간에 한중 콘크리트의 정석을 공부하였고, 일본의 한중시공을 몸으로 배운 다음 국내에 귀국하였다. 일본 북해도와 우리나라 중부지방의 경우는 기후환경상 많은 차이가 있는데, 매일같이 눈이 오는 북해도와 달리 우리나라는 서너 차례 정도 눈이 오면서 또한 쉽게 녹아버리고, 추위도 북해도보다는 덜하여 어마어마하게 돈을 들여야만 하는 일본식 한중 콘크리트 시공방법은 적절하지 않은 것으로 생각되었고, 또한 당시 우리나라는 흉내만 내고 어설프기 짝이 없는 한중 콘크리트 시공에 문제가 있어서 이참에 한국식 한중 콘크리트 공법을 새롭게 도입해야겠다는 필요성을 느끼게 되었다.

그래서 에너지 낭비가 큰 가열식 보온 양생 방법이 아닌 단열식 보온 양생 방법을 고안하게 되었다. 그런데 이중 벽체의 단열 거푸집은 비교적 쉬웠지만 슬래브 표면 단열은 쉬운 일이 아니었다. 이전 발간한 『내 사랑 콘크리트』에서 소개한 것처럼 스티로폼, 양생용 부직포, 천막지, 스펀지 등 많은 시행착오 끝에 우연히 제자의 선물로부터 포장재인 에어캡을 찾게 되었고, 이것으로부터 2중 버블시트를 개발하였으며, 국제적으로도 소개하였고, 특허 및 신기술을 출원하기도 하였다.

역시 가장 어려운 문제는 현장적용이었다. 아무리 품질이 좋고, 저렴한 방법이라고 해도 새롭게 적용하는 것은 모험적인 것이라 후배, 제자 등 가까운 사이라고 해도 써주려고 하지 않는다. 따라서 일일이 현장을 찾아가 공법을 소개하고, 시험적용을 거쳐 조금씩 조금씩 발을 넓혀 새로운 기술로 확립하였는데, 현재는 1년에 수백 개의 현장에서 자발적으로 활용하는 상태에 이르렀다. 아울러 이제는 특별히 소개하거나 소위 영업활동을 하지 않아도 알아서 사용하는 우리나라에서만 독특하게 존재하는 한중 콘크리트 양생법으로 자리매김하게 된 것이다.

결 언

이젠 특허로 보호받는 기간도 몇 년 남지 않았다. 기간이 지나면 어쩔 수 없는 일이겠지만, 그 기간이 오기도 전에 짝퉁이 출현한 것이다. 자산권을 침해당한다는 것은 괴로운 일임에 틀림이 없다. 그러나 짝퉁이 나온다는 것은 필자가 개발한 버블시트가 이제 명품으로 대접받는 것이 되었지 않나 생각되어진다. 나름대로 가슴이 아프지만, 뿌듯한 기분을 느끼게 하는 묘한 상황이다.

04.
물처럼 흘러 채워지게

서 언

최근에는 3D Danger, Difficult, Durty 업종에 대한 기피현상이 두드러지게 나타나고 있다. 콘크리트 시공의 경우도 여기에 속하여 우리나라의 경우 기능공은 점차 고령화를 거쳐 현재에는 대부분 외국인 노동자들이 시공하고 있는 상황이 발생하고 있다. 국가적으로도 대책이 필요할 것으로 생각 되어지지만 아무리 기다려 봐도 무대책이 대책인 것 같다. 따라서 이미 흘러간 물을 되돌리기는 곤란한 상황이므로 오히려 콘크리트를 물처럼 흘러 다지지 않아도 채워지게 함으로써 기능공을 필요 없게 하는 공법도 대책일 수 있는데, 본 고에서는 이러한 내용에 대하여 기술해 보고자 한다.

질게 하는 방법

콘크리트를 물처럼 질게 하여 흐를 수 있게 하기 위해서는 기본적으로 '물을 더 많이 넣어주면 되지 않을까?'라고 간단히 생각하게 된다. 그러나 그렇게 되면 재료분리에 강도가 낮아지고 내구성도 저하하는 등 온갖 문제가 발생할 수 있기 때문에 물의 사용량을 고정하거나 오히려 더 적게 사용하는 것이 기본이다.

그렇다고 하면 콘크리트를 질게 만드는 것은 무엇일까? 해답은 골재 등 원재료의 품질을 가능한 고급화하고, 중요하게는 약을 사용하는 것이다. 즉 물의 양을 동일하게 하고 질기를 질게 하는 약은 유동화제라 하고, 반대로 질은 정도는 동일하고 물의 사용량을 줄일 수 있는 약을 감수제라 하는데, 이때 물을 줄이는 정도에 따라 일반 감수제가 있는 반면, 더 많은 양을 줄일 수 있는 고성능 감수제Super-plasticizer: 이하 SP제도 있다. 유동화제와 SP제는 근본적으로 같은 것이다.

그러면 콘크리트를 물처럼 흘러가게 하기 위한 메커니즘은 무엇인가? 일반적으로 물 묻은 손에 비누를 바르고 비비게 되면 거품이 나면서 미끌미끌하게 된다. 이를 소위 계면활성작용이라 하여 AE제에 의한 공기포로도 효과가 있지만, 가장 일반적인 것은 정전기적 반발작용이다. 리그닌 설폰산염계Lignin sulfate-type, 나프탈렌 설폰산염 축합물Poly naphthalene sulfate-type, 멜라민 설폰산염 축합물Polymelamine sulfate-type 및 폴리 카르복실레이트계 Poly-carboxylate-type 등을 콘크리트에 첨가하면 시멘트 입자 표면에 정전기가 발생되어 인근 시멘트 입자와 동일한 전극이 되므로 정전기적으로 서로 밀어내는 반발작용이 생겨 사진 3.7과 같이 시멘트 입자가 떨거나 떠돌아다니는 듯한 브라운 운동을 함으로써 콘크리트가 확 질어지게 되는 것이다.

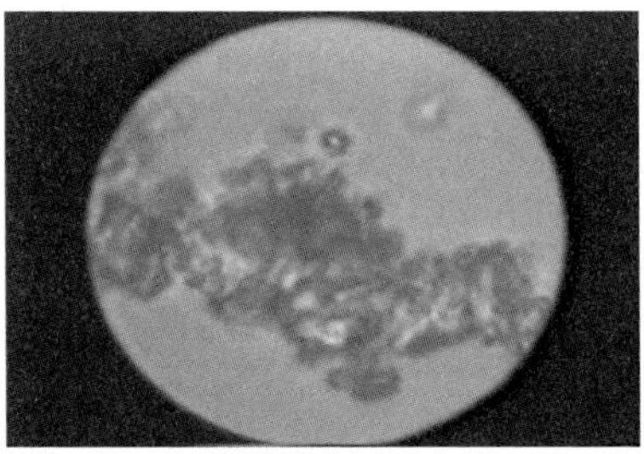

[사진 3.7] 브라운 운동 영상(QR코드)

물론 약의 종류나 성능에 따라서도 유동성이 달라지는데, 일례로 폴리카르복실레이트계(약어로 PC계라 칭함)는 다른 종류의 SP제인 경우 하나의 사슬Chain로 되어 초기에는 양호하게 정전기적 반발작용을 일으키지만 시멘트의 초기 수화생성물에 사슬이 갇히게 되면 유동성이 쉽게 없어지는 데 비해 PC계는 그림 3.2와 같이 주쇄Main chain와 측쇄Side chain로 이루어져 초기 및 후기에까지 유동성을 내는 등 가장 발전된 SP제 형태이다. 특히 PC계는 정전기적 반발작용 외에도 습윤작용, 입체 장애작용, 시차 흡착작용도 있어 물을 줄이는 감수성이 다른 어느 것보다 월등하여, 비록 고가일지라도 콘크리트를 물처럼 질게 하는 경우에 주로 이것이 이용된다.

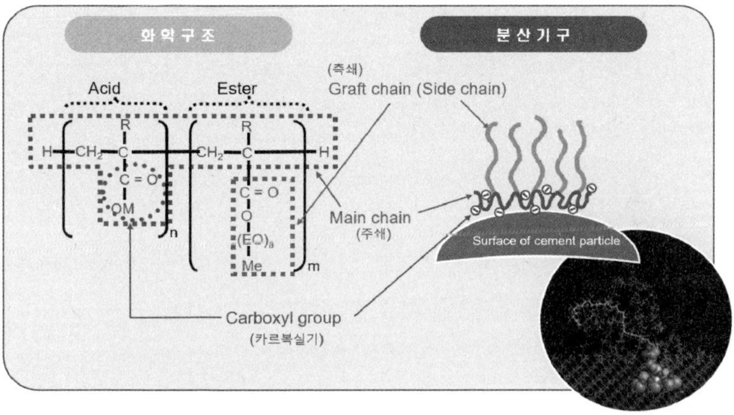

[그림 3.2] 폴리 카르복실레이트계 SP제

재료분리를 방지하는 방법

콘크리트를 PC계 SP제로 물처럼 질게 하면 어떤 현상이 발생할까? 골재는 그 자리에 남아 있고 시멘트와 물의 혼합물인 시멘트 풀(페이스트)은 흘러 빠져나가는 문제가 발생한다. 이와 같이 입자와 페이스트가 나눠지는 소위 식사재료에서 건더기와 국물이 나눠지는 것과 같은 현상을 '재료분리'라 한다. 따라서 물처럼 진 사진 3.8과 같은 고유동 콘크리트에서는 이와 같은 재료분리 현상을 막지 않으면 안 된다.

재료분리를 막는 기본은 끈적끈적하게 하는 점성을 부여하는 것이다. 이때 고유동 콘크리트에 점성을 부여하는 것으로는 다음의 3가지 방법이 있다.

첫째로는 분체계의 형태이다. 즉 시멘트, 플라이애시, 고로슬래그 미분말, 실리카퓸, 석회석 미분말 등 분말상 재료를 많이 넣어주는 것이다. 따라서 시멘트가 많이 들어가는 고강도 콘크리트는 쉽게 재료분리 문제가 해결될 수 있지만 강도가 크지 않은 콘크리트인 경우는 가급적 저렴한 조건에서 플라이애시, 고로슬래그 미분말, 석회석 미분말과 같은 분체를 더 넣어줌으로써 점성을 내주는 것이 필요하다.

둘째로는 끈적끈적해지는 약, 즉 증점제(增粘濟)를 넣어주는 것이다. 증점제의 종류로는 셀룰로오스계, 아크릴계, 글리콜계, 다당류 폴리머 등이 있다. 단, 증점제는 약과 같이 소량으로도 큰 효과를 내므로 공기량, 응결·경화, 강도 및 내구성에 나쁜 영향을 미칠 수 있어서 사전에 면밀히 확인해 보는 것이 필요하다.

셋째로는 병용계로서 분체와 증점제를 병용하는 형태이다. 이것은 하나의 형태로 모든 증점 성능을 발휘하는 것보다 효율적이라는 면에서 좋지만, 두 요소를 모두 고려해야 함에 따르는 번잡함이 있다.

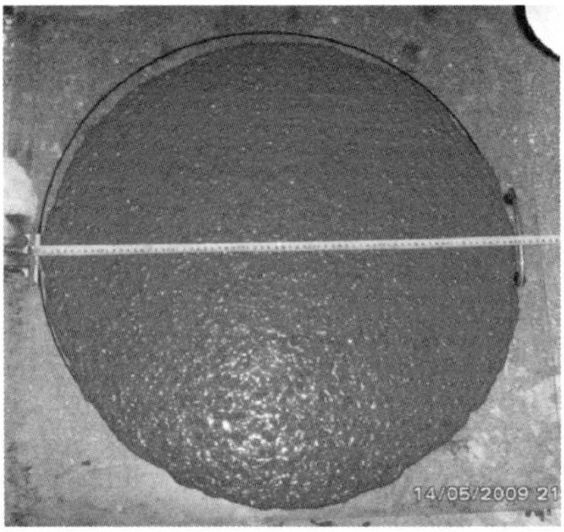

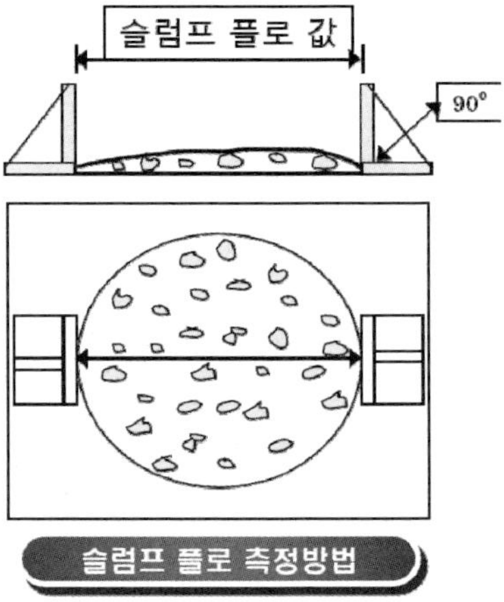

[사진 3.8] 고유동 콘크리트

고유동 콘크리트의 시공

결국 점성을 가지면서 질게 하여 잘 흘러가게 하면 철근 사이의 간극이라던가, 철근과 거푸집의 틈 등 복잡한 구조에도 골재와 시멘트로 일체화된 콘크리트가 잘 채워지는 충전성을 갖게 된다. 타설 과정에서 이와 같은 콘크리트는 콘크리트 펌프로 요소 요소에 간단히 부어주게 되면 스스로 흘러 잘 채워주게 되는데, 바이브레이터 등 진동기로 진동을 주게 되면 오히려 재료분리가 발생하므로 다지지 않는 것이 기본이다. 이렇게 되면 자동적으로 수평도 잡아주어 콘크리트 시공에 필요한 기능공이 없어도 콘크리트 타설이 가능해진다.

그러나 문제는 콘크리트가 물처럼 질게 되면 거푸집 하부 측면쪽의 압력(측압)이 크게 되어 거푸집이 터질 수 있고, 또한 거푸집에 작은 틈이라도 나게 되면 그곳으로 모든 콘크리트가 빠져나올 수도 있으니 거푸집 공사에 충분히 신경을 쓰지 않으면 안 되는 상황이 발생한다. 따라서 많은 양의 타설로 빠른 속도를 요구하는 기초 매트 콘크리트라든가 고강도 혹은 초고강도 콘크리트인 특수한 경우만 이 콘크리트를 일부 이용하고 있는 상황이다.

그러므로 일반적으로 이용하는 보통 콘크리트 구조물인 경우는 위의 문제점을 해결한 고유동 콘크리트 혹은 완전한 고유동 콘크리트보다는 보통 콘크리트와 고유동 콘크리트의 중간적인 준고유동(혹은 중유동) 콘크리트로 시공한다면 현존하는 문제점의 많은 부분은 해결할 수 있을 것이다.

05.
강도를 크게 하는 방법

서 언

콘크리트와 관련 있는 사람이라면 누구든지 콘크리트 강도를 가능한 높이고자 하는 생각만큼은 같을 것이다. 그러나 강도와 연결되어 있는 것이 하나, 둘로 간단히 정리되어 있지 않으므로 어려움이 많은 것이 현실이다. 따라서 본 고에서는 콘크리트를 고강도화할 수 있는 방법에 대하여 알기 쉽게 소개해 보고자 한다.

콘크리트의 강도 발생 원리

콘크리트가 강도를 발휘하는 것은 화학적인 반응으로 화학식으로 설명해야 한다. 그러나 일반인이 화학식을 이해하기는 쉽지 않으므로 꼭 알고 싶은 경우에는 별도의 참고문헌을 참조하고, 여기서는 좀 유치한 설명이 될 수 있을지라도 쉽게 설명해 본다.

콘크리트의 강도는 시멘트의 수화반응에 기인하여 이루어지는 것으로 그림 3.3과 같이 설명될 수 있다. 즉 시간이 경과하면서 시멘트 입자 주변의 물과 시멘트가 반응하여 만들어진 물질(수화물)이 서로 달라붙어 당초에 물이 있던 공간을 채워나가는 것인데, 이것을 다 채우지 못하고 물이 남아 있거나 물이 말라 공간이 생성된 부분을 모세관공극이라 한다. 그런데 이와 같은 모세관공극의 직경은 눈에 전혀 보이지 않을 정도인 0.1μm 전후로 매우 작고, 또한 독립된 경우도 있지만 대부분 연속되어 있기도 하면서 그 양이 여러 공극 중에서 제일 많은 부분을 차지한다(<콘크리트에 20 ~ 30%가 공극?> 참조).

따라서 모세관공극은 콘크리트의 강도, 내구성, 수밀성 등 모든 면에서 제일 크게 영향을 미치는데 그렇다면 어떻게 하면 모세관공극을 줄일 수 있을까? 오래 전 일이지만 기술사 면접시험에서 문제로 물어보기도 했지만 어렵다고만 생각하는지 대답을 잘 못하는 경우가 대부분이었다.

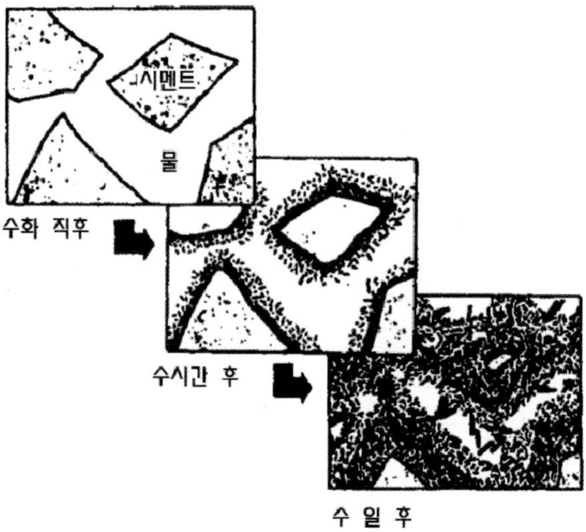

[그림 3.3] 시멘트의 수화반응 과정

고강도화 방안

해답은 몇 가지가 있는데, 첫째는 모세관공극의 위치에는 당초에 무엇이 있었는가? 물이 있었다. 그렇다면 물을 어찌하면 될까? 당연히 물을 적게 사용하면 될 것이다. 주변 시멘트에 비하여 물을 적게 사용하면 모세관공극이 작아지게 되는 것이다. 이는 다른 말로 표현하면 물과 시멘트의 비율

(W/C)을 낮추면 되는 것이다. W/C를 낮추면 낮출수록 모세관공극이 작아져서 결국은 고강도 콘크리트가 되는 것이다. 그런데 W/C를 어느 정도 이하로 낮추면 콘크리트가 되게 바껴서 비빌 수 없게 되는데 이럴 때에는 고성능 감수제(SP제)를 넣고 비비게 되면 아주 작은 W/C의 콘크리트가 되는데, 이렇게 되면 모세관공극이 매우 작아져서 초고강도 콘크리트가 만들어지게 되는 것이다.

두 번째로는 시멘트의 수화반응이 잘 일어나게 하여 모세관공극을 수화반응물질로 잘 채워지게 함으로써 고강도를 만드는 것이다. 그러면 수화반응이 잘 일어나게 하는 것을 무엇이라고 하는가? 이것을 바로 양생이라 한다. 양생이 잘 일어나게 하기 위해서는 세 가지가 중요하다. 첫째는 물이고, 둘째는 온도이며, 셋째는 시간이다. 사진 3.9와 같이 마르지 않게 물을 공급하고 알맞은 온도로 오랫동안 수화반응으로 수화물이 잘 성장하게 하면 모세관공극을 잘 채워주어서 높은 강도가 발휘되는 것이다.

(출처: https://blog.daum.net)

[사진 3.9] 콘크리트 양생 현장

셋째로는 모세관공극 위치에 반응을 일으키면서 채워줄 수 있는 물질을 넣어주는 것이다. 물론 시멘트의 크기보다 큰 물질이라면 시멘트 사이의 공극을 채워줄 수 없으므로 그것은 곤란하고 미립자로 된 플라이애시, 고로슬래그 미분말 특히 초미세 입자인 실리카퓸이 좋고, 실리카퓸보다도 입자가 더 작은 개질 카본블랙이나 폴리머 물질도 좋다.

이외에도 고강도화할 수 있는 방법으로는 골재 요인 및 강도 보강재 사용이다. 먼저 골재의 경우는 기본적으로 콘크리트 강도이론에는 포함하여 생각하지 않았다. 즉 골재가 파괴되지 않는 상황에서 양질의 것을 이용한다는 전제조건이었기 때문이다. 그러나 최근에는 골재 사정이 너무 나빠져 있고, 고강도를 만드는 것이 최근에는 골재 강도 이상으로 되다 보니 골재가 중요하지 않을 수 없게 되었다. 따라서 초고강도 콘크리트가 되게 하려면 골재 자체 강도가 중요하고, 골재의 크기가 커지면 결함이 내재될 요소가 많이 발생할 수 있으므로 그 결함을 줄이도록 작게 만들며, 골재의 입자분포도 굵은골재로부터 작은 결합재에 이르기까지 크고 작은 입자가 연속되어(연속입자분포) 가능한 공극이 발생하지 않게 하고, 골재가 시멘트처럼 반응할 수 있는 골재(클링커 골재 등)를 이용할 수 있다면 이 또한 고강도화할 수 있는 방법이다. 마지막으로 콘크리트를 고강도화하기 위해서는 강도를 잘 발현할 수 있도록 외부요인으로 구속시켜 고강도 발현 효과를 내는 것이다. 즉 원주 공시체로 고강도 콘크리트의 압축강도를 시험하다 보면 콘크리트가 힘을 받아 줄어들면서 줄어드는 정도에 따라 원주의 중앙부가 옆으로 늘어나 균열이 발생하고, 결국에는 꽝! 소리를 내며 사진 3.10과 같이 폭발적으로 파괴되고 만다. 그렇다면 옆으로 늘어나는 것을 철근(나선 철근), 탄소섬유, 강관 등으로 잡아주거나 콘크리트 내부적으로 강섬유, 유기섬유 등 섬유를 넣어주어 옆으로 늘어나는 것에 저항력을 갖도록 한다면, 당연히 더 큰 고강도를 성취할 수 있다.

이외에도 콘크리트의 강도와는 시공 및 유지관리 측면에서 크고 작은 정도의 차이는 있을지라도 무수히 많은 요인이 있다.

[사진 3.10] 압축강도 시험 후 파괴된 고강도 콘크리트의 공시체

결 언

콘크리트의 고강도화는 모세관공극과 밀접한 관련이 있다. 즉 가능한 한 모세관공극의 크기를 줄일 수 있도록 노력하는 것이 핵심이다. 이외에도 콘크리트를 고강도화 및 고품질화하기 위해 기본적으로 양호한 원자재 선정, 정확한 배합설계, 완벽한 시공 및 양호한 유지관리를 포함하는 전 과정에서 세심한 품질관리로 설계로 한 목표치의 품질을 정확하게 발휘·유지관리되도록 노력하는 것이 중요하다고 생각된다.

06.
무거운 것을 가볍게

서 언

콘크리트는 철, 구리, 납 등 중금속보다는 가볍지만 물 무게보다는 2.3배 정도 무거운 재료이다. 따라서 건축물이 고층화 또는 초고층화되는 경우 구조체에 작용하는 하중의 대부분이 콘크리트 자체무게이다 보니 좀 더 고층으로 만들기 위하여 콘크리트의 무게를 가볍게 하는 것이 요구될 수 있다. 그러므로 본 고에서는 이와 같은 요구에 부응할 수 있는 것으로 콘크리트의 무게를 가볍게 하는 다양한 방법에 대하여 알아보도록 한다.

경량 콘크리트의 분류

콘크리트를 구성하는 재료로서 모래·자갈인 골재의 밀도는 2,500 ~ 2,700kg/m^3, 시멘트는 3,100 ~ 3,200kg/m^3, 물은 1,000kg/m^{3}이므로 이들의 조합에 따라 달라지지만 콘크리트의 밀도는 대략 2,200 ~ 2,400kg/m^{3}의 값을 나타낸다. 그런데 이것을 더욱 가볍게 하려면 밀도가 작은 가벼운 재료를 많이 사용하는 것도 방법이지만 제일 중요한 것은 밀도 0kg/m^{3}인 공기를 얼마나 넣어주느냐에 따라 크게 좌우한다. 특히 넣어주는 공기는 크기가 큰 것으로 서로 연결된 것에서부터 크기가 작은 것으로 서로 독립된 것까지 다양하다. 교과서적으로 경량 콘크리트를 분류하면 그림 3.4와 같이 무잔골재 콘크리트, 경량골재 콘크리트 및 경량 기포 콘크리트로 분류되는데, 각 경량골재의 제조방법 및 특징은 다음과 같다.

(1) 무잔골재 콘크리트

콘크리트는 굵은골재의 큰 틈을 잔골재가, 잔골재의 틈을 시멘트가, 시멘트의 작은 틈을 물이 채우는 개념이다. 그런데 이와 같은 콘크리트에서 잔골재, 즉 모래를 사용하지 않으면 어떻게 될까? 당연히 콘크리트는 과자의 일종인 사진 3.11의 강정처럼 곰보투성이로 공극이 많은 콘크리트가 되고 만다. 물론 공극이 많은 만큼 강도는 형편없이 저하한 상태이겠지만 모래가 있던 자리가 빈틈으로 남은 만큼 가벼워지는데, 이것을 무잔골재 콘크리트라고 한다. 이것은 무게를 줄여 가볍게 하는 데 전혀 못 쓰는 것은 아니지만 공극도 크고, 상호 연결되어 있어 강도가 매우 작기 때문에 구조체로는 사용하지 않는 경향이다. 따라서 이와 같은 무잔골재 콘크리트는 다른 용어로 투수 콘크리트 혹은 식생 콘크리트라고 하여 또 다른 용도에 이용된다.

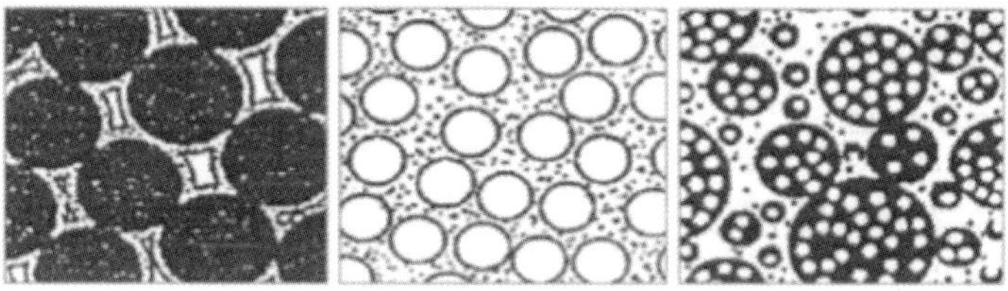

무잔골재 콘크리트 경량기포 콘크리트 경량골재 콘크리트

[그림 3.4] 경량 콘크리트의 분류

(출처: http://tojongwon.com)

[사진 3.11] 과자 강정

먼저, 투수 콘크리트는 작은 개울인 경우 건너다니는 교량 대용으로 간단히 공사하여 평상시에는 교량 구조체로 물이 빠져나가 건너다니는 교량이시반 호우 시에는 물이 넘쳐 흐르도록 하는 경우, 도로포장 옆 인도의 경우 균일 입자의 굵은골재를 시멘트나 아스팔트로 굳혀 비가 올 경우 빗물이 투수 콘크리트 포장을 통과하여 지하로 흡수될 수 있도록 만드는 것 등이다. 또한 무잔골재 콘크리트를 식생 콘크리트로 활용하는 경우는 사진 3.12와 같은 옥상녹화 또는 호안 블록 등에 콘크리트의 연속된 공극 속으로 잔디 등 식물의 뿌리가 뻗어 자라게 하는 목적으로 이용되기도 한다.

[사진 3.12] 식생 콘크리트에서의 식물 생육 사례

(2) 경량골재 콘크리트

이 경우는 콘크리트용 잔골재 혹은 굵은골재에 공극이 많이 포함되어 있는 경량골재를 이용하는 것이다. 이때 사용하는 경량골재로는 화산자갈·경석·용암 등을 이용하는 천연 경량골재, 팽창점토· 팽창 혈암 등을 이용하는 인공 경량골재, 팽창 슬래그 등을 이용하는 부산 경량골재가 있다. 또한 우리나라 KS 표준에는 경량골재의 용도에 따라 구조용 경량골재(KS F 2527)와 절연 콘크리트용 경량골재(KS F2511)가 있다. 이 중 구조용 경량골재를 사용하여 제조하는 경량골재 콘크리트인 경우로 콘크리트 표준시방서에는 경량골재 콘크리트 1종과 2종이 있다. 경량 콘크리트 1종인 경우는 굵은골재만을 인공 경량골재로 사용하는 경우로서 설계기준강도 18 ~ 24MPa로 크고, 기건단위용적 질량이 1,700 ~ 2,000kg/m^{3}가 되도록 하는 경우이고, 경량골재 콘크리트 2종은 굵은골재와 잔골재에도 인공 경량골재를 사용하는 경우로서 설계기준강도 15 ~ 21MPa로 작고, 기건단위용적질량이 1,400 ~ 1,700kg/m^{3}가 되도록 하는 경우이다. 이 경우는 앞서 언급한 것처럼 건축물의 보나 슬래브 등 구조체를 경량화할 목적으로 주로 사용한다. 특히 이와 같은 구조용 경량골재 콘크리트인 경우는 일본의 경우 동경 도청사를 경량골재 콘크리트로 건설할 정도로 많이 이용하고 있는데 비해 우리나라는 거의 이용되고 있지 않는 것이 현실이다. 이 문제는 역시 레미콘 가격과 연관이 있는데, 일본처럼 우리나라 레미콘 가격이 현재보다 3배 이상 비싸지면 비싼 경량골재도 이용할 수 있어서 이 방법이 각광받지 않을까? 기대해 본다.

(3) 경량 기포 콘크리트

이 경우는 콘크리트 속에 공기포를 넣어주는 방법인데, 공기포를 언제 넣어주는가에 따라 3가지로 분류된다. 즉 미리 기포제라는 약으로 공기포를 만든 다음 시멘트와 물로 반죽된 시멘트 풀이나 콘크리트에 공기포를 넣어주고 혼합하는 프리 폼Pre-form 방식이 있다. 이 경우가 가장 많이 이용되는 것은 아파트 등 거실 부분의 높이 조정, 단열 및 차음성 향상을 목적으로 방바닥에 시공하는 기포 콘크리트가 이 경우에 속한다. 외국에는 도로 기층 부분에도 이용하고, 터널 상부의 빈 공간 채움재, 폐광산 채움재 등에도 이용된다.

두 번째로는 콘크리트를 제조하는 경우 AE제 등 공기를 콘크리트 속에 많이 발생시켜 가볍게 하는 믹스드 폼Mixed-form 방식이다. 이론적으로는 이상적인 방법이지만, 실무에서는 목표로 한 공기량을 발휘하도록 컨트롤하는 것이 쉽지 않아 아직까지는 거의 사용하고 있지 않는 방식이다.

마지막으로 콘크리트 제조 시 알루미늄 분말 등 발포제를 넣고 혼합하여 콘크리트가 굳어지면서 내부에서 발생하는 수소가스에 의해 부풀어 오르도록 하는 포스트 폼Post form 방식이다. 대표적인 활용 예로는 ALCAutoclaved Lightweight Concrete 패널이나 블록을 제조할 때 이용하는 방법이다.

결 언

무거운 콘크리트를 가볍게 하는 것은 밀도가 작은 가벼운 재료를 넣고 혼합하여 제조하기도 하지만 기본적으로는 공극을 어떠한 형태로 얼마 만큼을 넣어주는가의 결정이 가장 중요하다. 즉 구조체 목적의 경량 콘크리트로서 무잔골재 콘크리트인 경우는 큰 공극이 연결되어 있으므로 곤란하고, 경량 기포 콘크리트인 경우는 공기량이 너무 많음으로써 강도가 작아 곤란하다. 따라서 작은 공극이 독립된 형태로, 특히 경량 잔·굵은골재를 이용하는 경량골재 콘크리트인 경우가 구조적으로 의미가 있는 것이다. 그러므로 우리나라의 경우 경량 콘크리트를 일반화하기 위하여 경량골재 가격의 저렴화를 기하면서 레미콘 가격이 지금보다 훨씬 비싸지는 상황이 전개된다면 구조체로서의 적극적인 활용방안이 검토될 수 있을 것으로 추측된다.

07.
물 속에서의 콘크리트

서 언

오래된 기억이지만 충북 보은군에 준공 후 10년 정도 경과된 한 교량 위로 수학여행단을 태운 버스가 지나갈 때 하중을 견디지 못하고 교각이 주저앉는 사고가 발생한 적이 있었다. 원인은 물 속의 교각이 콘크리트 타설 중 시멘트는 씻겨 나가고 철근과 골재만 남아 있는 상태에서 버스 하중이 작용할 때 이 하중을 견디지 못하고 항복상태에 이르러 붕괴가 진행된 것이었다. 따라서 본 고에서는 이와 같은 사고를 방지하기 위하여 물 속에서 타설하는 콘크리트의 기술 요점에 대하여 알아보고자 한다.

물 속 콘크리트의 특징

제일 먼저 '물 속에서 콘크리트를 타설하게 되면 콘크리트가 굳어질까?' 하는 것에 대한 의문이다. 비전문가들은 콘크리트가 어느 정도 공기 중에서 말라야 강도가 발휘되는 것으로 착각하는 경우가 있다. 그러나 시멘트는 기경성인 회반죽, 돌로마이트 플라스터 등과 달리 수경성 재료로서 물에 의해 굳어지는 것이므로 물 속에서 물의 흐름에 의해 시멘트가 풀어져 흐트러지지만 않고 형상을 그대로 잡아준다면 물 밖에서와 동일하게 굳어진다. 오히려 양생 측면에서는 계속적인 수분공급으로 강도 증진에 유리할 수 있고, 특히 물 속에서는 건조수축도 일어나지 않으므로 균열도 없어 내구성도 좋을 수 있다.

그러나 수중콘크리트의 제일 큰 문제점은 서언에서도 지적한 바와 같이 콘크리트 타설 과정에 있다. 즉 강이나 바다에서 신설 교량의 교각을 물 속에서 건설하는 경우 아무런 대책 없이 콘크리트를 떨어뜨리는 방식으로 물 속에서 타설한다면 어떤 문제가 발생할까? 특히 흐르는 물인 경우라면 콘크리트 중 시멘트가 씻겨 흙탕물처럼 떠내려가고, 모래·자갈 등 골재만 남는 재료분리가 발생하여 결국은 맥없는 콘크리트 교각이 되고 만다. 특히 최근에는 이와 같은 경우 수질오염 및 환경파괴와도 연결되어 물고기 한 마리라도 죽어서 떠내려가게 된다면 언론부터 난리가 나고, 환경단체나 해당 기관으로부터 견뎌내기 힘든 상황이 전개될 것이다. 따라서 수중 콘크리트 타설 시에는 반드시 수중 불분리제라는 약을 이용하여 시멘트가 분리되지 않는 수중 불분리 콘크리트를 타설하여야만 한다.

수중 불분리 콘크리트의 특성

수중 불분리성 콘크리트란 기본적으로 시멘트 콘크리트에 끈적끈적하게 점성을 내는 증점제의 일종인 수중 불분리제를 넣어주고 생산하는 것이 일반 수중콘크리트와 다른 점이다. 수중 불분리제로는 셀룰로오스계 및 아크릴계로 분류되어 많은 종류가 있다. 실무에 이것을 사용할 경우에는 콘크리트 표준시방서에서 요구하는 품질을 당연히 만족시키는 종류 및 사용량을 결정하여 사용하게 된다. 그런데 수중 불분리제 중에는 공기량을 많게 하는 성질이 있는 것도 있는데, 이때는 소포제, 경화가 늦어지는 경우에는 경화촉진제, 유동성이 작아지는 경우에는 고성능 감수제도 함께 넣어주어 제조하면 된다.

이렇게 제조된 수중 불분리 콘크리트는 사진 3.13과 같이 1)의 보통 상태인 경우는 시멘트가 물에 흐트러지는 모습을 볼 수 있지만, 수중 불분리제를 넣은 콘크리트는 2)와 같이 전혀 흐트러짐이 없이 그대로 채워지는 모습을 볼 수 있다. 따라서 수중 불분리성 혼화제를 콘크리트에 넣고 타설할 경우는 물을 오염시키는 현탁물질 양도 적고, pH도 크게 높아지지 않아 수질을 오염시키거나 물고기를 죽게 하지 않는다.

또한, 물 속에서는 다질 수 없는 것이 또 다른 특징이다. 따라서 재료분리는 방지된 상태에서 고유동으로 제조하여 스스로 채워지게 함으로써 공기 중에서 제조한 콘크리트의 강도보다 크게 저하하지 않게 되는 것이다.

1) 보통 상태

2) 수중 불분리제 혼입

[사진 3.13] 물 속에서의 시멘트 풀 거동

물 속에서의 콘크리트 타설

물 속에서 콘크리트를 타설할 수 있는 장비로는 다양한 것이 있다. 옛날에는 콘크리트를 포대에 담은 다음 수중타설면으로 내린 후 밑을 열어주는 '밑 열림 포대 콘크리트 공법', 콘크리트를 상자에 담아 물 밑 콘크리트의 타설면으로 내린 다음 상자 밑을 열어주는 '밑 열림 상자에 의한 타설 공법'이 있었다.

이후에도 그림 3.5와 같이 원통형 관으로 된 트레미 혹은 특수 트레미에 콘크리트를 넣고 타설면으로 콘크리트를 보내는 것이 과거로부터 현재까지도 이용되는데, 밑바닥이 열리는 방식에 따라 바닥마개식, 플런저식, 개폐식 등이 있다. 그러나 최근에 가장 많이 이용하는 수중콘크리트 타설방식은 사진 3.14와 같은 '콘크리트 펌프 타설 공법'으로 펌프의 붐 선단을 수중콘크리트 타설면까지 내려 넣고 타설하는 공법이다.

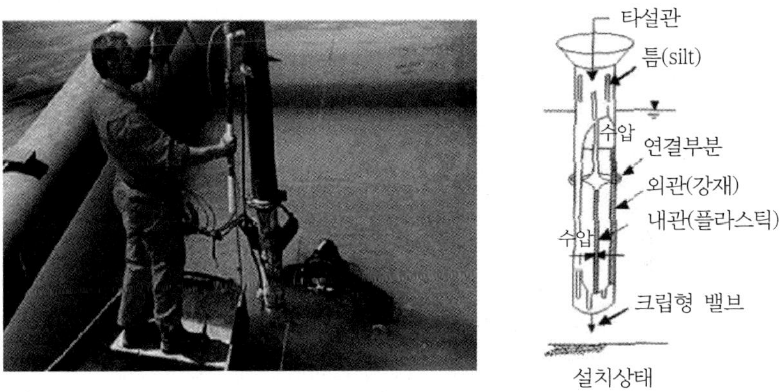

[그림 3.5] 트레미 타설

어떤 공법이든 수중에서 콘크리트를 타설하는 경우 가장 중요한 것은 물의 흐름을 정지시키는 것이다. 그러나 어쩔 수 없는 경우라면 가능한 유속을 최소로 하고, 수중 낙하 높이를 콘크리트 속에 박아 넣거나 가능한 한 낮게 한다. 그리고 펌프 타설인 경우 그 압송압력은 일반 콘크리트보다 크게 하고, 타설속도는 절반 이하로 천천히 하며, 수중 이동거리도 가능한 한 짧게 하여 끊임없이 연속적으로 타설하도록 하는 것이 시공의 요점이다.

이외에도 물 속에서 콘크리트를 타설하는 방법으로 거푸집 속에 굵은골재를 먼저 채워 넣고, 가는 모래와 시멘트를 혼합한 모르타르를 거푸집 하부 면으로부터 굵은골재 사이로 채워 넣으면서 상부 쪽으로 물이 배출되도록 하는 '프리 플레이스트 콘크리트 공법'도 있다. 이 공법의 경우 옛날 문헌을 보면 '프리팩트 콘크리트 공법'이라고도 소개되었는데, 이는 미국의 프리 플레이스트 콘크리트 중의 한 회사의 공법명을 일본 시방서에 잘못 표현한 실수를 우리나라도 그대로 반영함에 따른 것이었다.

[사진 3.14] 수중콘크리트 펌프 타설

결 언

물 속에서의 콘크리트 타설은 육상에서 눈으로 직접 확인하며 진행하는 것과 달리 확인할 수 없다는 것이 특징이다. 따라서 어느 경우보다 타설 기능공의 성실 시공 여부가 품질을 크게 좌우하는 만큼 적절한 시공법 선정이나 시공 품질관리가 중요하다. 그리고 수중 구조물을 설계할 때에는 불확실한 요소가 많을 수밖에 없으므로 충분한 안전율을 고려하는 것이 무엇보다 중요한 사항이다.

08.
불난 집에 부채질?

서 언

불난 집에는 사진 3.15와 같이 물을 뿌려 불을 꺼야지, 부채질을 하여 불을 키워서는 안 된다. 우리의 일상사도 각각 처한 상황마다 적절한 조치 및 대책을 강구해야 하는 것이지, 상식 이외의 조치 혹은 반대적인 조치를 취한다면 낭패가 아닐 수 없다. 본 고에서는 이와 유사한 상황으로 대량의 두꺼운 콘크리트를 타설하는 매스 콘크리트Mass concrete의 수화열 저감 및 균열방지와 관련하여 그 원리를 분명히 이해함으로써 잘못된 생각과 대처를 바로 잡도록 소개해 보고자 한다.

(출처: https://news.joins.com)

[사진 3.15] 화재진압 현장

시멘트의 발열반응

그림 3.6과 같이 스트레스를 잔뜩 받은 마누라를 잘못 건드리면 큰일 난다는 것은 결혼생활을 하고 있는 남자라면 모두 잘 알고 있는 상식이다. 이와 마찬가지로 시멘트란 재료도 스트레스를 잔뜩 가지고 있는 물질로서 당연히 잘 다뤄져야 하는 것이지 잘못하면 낭패를 볼 수 있다.

[그림 3.6] 화난 마누라

석회석과 점토를 미분쇄 혼합한 것을, 1 500℃ 정도의 고온에서 소성시켜 액체로 만들었다가 급랭시켜 덩어리진 클링커를 석고와 함께 미분쇄한 것이 시멘트인데, 결국 급랭 과정에서 반응성이 있는 것을 엄청난 스트레스를 가지고 있다고 비유적으로 설명할 수 있다. 따라서 이렇게 스트레스를 받은 시멘트에 물을 혼합해주면 받았던 스트레스가 풀어지면서 반응하여 안정되게 굳어지는 수경성이 있는 반면, 화학변화인 반응과정에서는 발열반응으로 많은 양의 열을 내게 된다. 즉 1g의 시멘트가 한 달 정도에 걸쳐 약 100cal 정도의 열을 내게 되어 타설된 콘크리트는 시멘트 종류 및 단열 상태에 따라 다르겠지만 높은 온도에까지 올라가게 된다.

수화열이 콘크리트에 미치는 영향

일반적으로 시멘트에서 열이 많이 나게 되면 외기온이 낮은 겨울철에는 콘크리트가 얼어서 조직이 이완되는 초기동해 피해를 막을 수 있어 도움이 되거나 콘크리트 강도를 빨리 내게 되어 거푸집도 빨리 제거함으로써 공사도 빨리 진행할 수 있는 장점이 있다.

그러나 기초 슬래브의 두꺼운 콘크리트이거나 교량의 교각 등 매스 콘크리트인 경우는 이야기가 달라진다. 단면의 두께가 800mm 이상 두꺼운 경우 표면은 외기온에 의해 쉽게 식어질 수 있지만, 내부에는 열이 잘 전달되지 않을 경우에 발생된 수화열이 높은 온도까지 올라가게 된다. 그렇다면 이와 같이 높은 온도까지 올라간 경우는 어떤 영향을 미칠까?

이해를 돕기 위해 사진 3.16을 참조하기 바란다. 사진은 청주대학교 캠퍼스 정원에 비치되어 있는 철근 콘크리트로 만들어진 쓰레기통이다. 사진에서 보는 바와 같이 쓰레기통 표면에 가로·세로 방향으로 균열이 생겨 있다. 균열의 모양을 보면 잡아당겨서 늘어나 발생한 인장균열 모습이다. 그렇다면 누가 그 무겁고 단단한 철근 콘크리트제 쓰레기통을 잡아당겨 균열이 가게 만들었단 말인가? 저렇게 균열이 갈 정도라면 얼마나 큰 힘으로 당겨야 가능할까? 상상이 안 갈 정도로 큰 힘이 아니면 불가능한 일이다.

그러나 그 엄청난 힘으로 당겨준 균열의 원인은 바로 쓰레기통 안에 비밀이 있다. 즉 쓰레기통에는 쓰레기만 담고 나중에 고스란히 비워 주어야만 하는 것임에도 불구하고, 유감스럽게 담배를 피우고 끄지 않은 꽁초를 쓰레기통에 버려 쓰레기와 함께 불이 났거나 혹은 청소하는 사람이 치우기 귀찮으니까 타지 않는 콘크리트제 쓰레기통이므로 그곳에다 불을 펴서 쓰레기를 태운 것이다. 그렇다면 콘크리트제 쓰레기통 내부에서 불이 나면 어떻게 될까? 콘크리트 내부의 온도는 당연히 올라가게 될 것이다. 그렇다면 기차 철로가 여름철 열을 받으면 늘어나는 것처럼 콘크리트 내부는 늘어나는데 비하여 쓰레기통 외부는 온도가 높지 않아 늘어나지 않음으로써 결국 내부의 늘어나는 힘이 가운데의 철근 및 쓰레기통 외부 콘크리트를 잡아당기게 되어 쓰레기통 외부에 균열이 발생한 것이다. 물론, 쓰레기통 내부에 불이 꺼지고 온도가 식으면 외부균열이 줄어들기는 하겠지만 완전히 원위치는 되지 않아 균열이 남아 있고, 또한 내부가 식는 과정에서 늘어난 철근 혹은 외부 콘크리트에 구속되어 이번에는 내부 콘크리트가 잡아당겨지는 인장력을 받아 내부에도 균열이 발생하는데, 이 균열은 가장 약한 쪽인 외부균열이 있는 곳에 발생하여 결국은 관통균열로 발전하게 되는 것이다.

[사진 3.16] 균열이 생긴 쓰레기통

매스 콘크리트도 이와 마찬가지의 원리로 표면은 온도가 낮은데 비하여 내부가 높은 온도로 상승하면 이때 팽창력으로 표면부에 가로·세로 그물망 형태 혹은 굵은 선형 형태로 인장균열이 발생하게 된다. 이것을 내부구속 수화열 균열이라고 한다.

수화열 균열의 대책

표면과 중심부의 온도차로 말미암아 균열이 발생한다면 어떤 대책을 마련해야 할 것인가? 저발열 시멘트나 혼화재료 등을 사용하여 수화열 온도가 높게 올라가지 않게 하고, 콘크리트 중심부에 파이프를 설치하여 찬물을 회전시켜줌으로써 중심부의 온도가 높게 올라가지 않게 하는 것도 중요한 대책이지만, 가장 손쉬운 방법은 콘크리트 표면온도를 단열시켜줌으로써 중심부와 표면부 간에 온도차가 크게 나지 않게 한 다음, 시간을 두고 서서히 식혀주는 방법이다.

이때 표면 단열 보온양생 방법으로는 스티로폼, 스펀지, 부직포 등 다양한 재료를 생각해 볼 수 있지만 가장 간단하고 편리한 방법으로는 필자가 개발한 2중 혹은 4중 버블시트를 이용하는 방법이 될 것이다.

그런데 혹자는 수화열 발생 그 자체가 문제가 된다고 생각하여 이를 식히기 위해 콘크리트 표면에 찬물을 뿌리거나 혹은 물을 담아 놓는 방법을 택하는 경우를 가끔 보게 된다. 중심과 표면 간의 온도차를 없애기 위하여 콘크리트 표면을 가능한 한 단열해야 할 것을 가능한 한 빨리 식히는 방법이 최고라고 착각하는 경우이다. 이는 참으로 안타까운 일로써 마치 불난 집에 물을 끼얹기보다 부채질을 하는 것과 무엇이 다르겠는가?

매스 콘크리트의 수화열 균열 방지에 올바른 이해가 있길 진심으로 기대해 본다.

09.
식으면서 찢어진다

서 언

대량의 콘크리트를 타설하는 경우는 시멘트의 수화열이 문제가 된다. 그런데 이중 내부구속 수화열 균열에서 수화열이 콘크리트에 미치는 영향 및 수화열 균열 방지에 대하여 앞의 <불난 집에 부채질?>에서 언급한 바 있다. 그러므로 본 고에서는 매스 콘크리트의 또 다른 요인인 외부구속 수화열 균열로 '식으면서 찢어진다'에 대하여 소개해 보고자 한다.

상황 전개

옛날보다 현재는 통신수단이 발달하다 보니 건설공사 현장에서 문제가 생긴 내용에 대하여 필자에게 전자우편으로 사진과 함께 원인 규명이나 대책을 문의하는 자문 요구가 가끔 있다. 좀 오래된 일이지만 교량의 교대 부분을 매스 콘크리트로 타설하였는데, 일주일 이상 지난 후에 사진 3.17과 같이 심각한 균열이 발생하였다. 당시만 해도 필자의 지식이 미천한지라 매스 콘크리트 수화열 균열인 것 같았지만, 사진만 가지고는 정확한 원인을 알 수 없는 상황이라 현장을 방문하여 원자재, 배합, 시공 등 자세한 상황을 경청하고 현장상황도 상세히 관찰하게 되었다.

시공 시기로는 여름을 지나 가을로 가는 시기였고, 사용 레미콘 규격은 25-24-120을 펌프로 타설하였다. 사용재료로 결합재는 보통 포틀랜드 시멘트만을 사용하였고, 골재는 강모래에 부순 굵은골재를 사용하였으며, 혼화제로는 AE감수제, 물은 지하수에 회수수를 일부 이용하였다. 균열 발생 시기는 거푸집 탈형 후 일주일 정도 지난 시점부터 교대의 기초판과 만나는 지점부터 2 ~ 3m의 일정한 간격으로 아래에서 위로 수직균열이 발생하였는데, 처음에는 균열폭 및 길이가 작았지만 시간이 지나면서 폭도 커지고 길이도 점점 위로 진행되어 길어졌는데, 특히 1m 이상 두꺼운 교대 부분에 반대쪽이 보일 정도로 관통하는 균열이 발생된 것이었다.

원인 및 책임소재와 관련해서도 현장 감리자 및 시공자는 레미콘용 모래에 미립분이 많고, 단위수량도 많아 건조수축 균열 같다고 하지만, 레미콘 생산자는 모래에는 별로 미립분도 없고, 단위수량도 그리 많지 않았으므로 건조수축이라고는 생각되지 않는데 도무지 원인을 모르겠다는 것이었다.

[사진 3.17] 교대 부분의 균열 및 균열 보수 사례

원인 규명

레미콘사 품질관리 실장의 안내로 건설공사 현장을 둘러보고, 레미콘 제조 및 시공에 관한 제반 사항도 청취한 다음 나름대로 상황을 종합하여 주된 원인부터 설명해 주었다. 원인을 자문해준 내용을 소개하면 이러하였다.

먼저, 균열 발생의 제일 중요한 원인은 매스 콘크리트의 외부구속 수화열 균열이다. 즉 먼저 기 시공된 기초판 위에 철근을 연결하여 교대 철근을 배근하고, 거푸집을 설치한 다음 1m 이상 되는 두꺼운 벽체 모양의 교대를 보통 포틀랜드 시멘트 100%를 사용하여 타설하였다. 교대 부분에는 그림 3.7과 같이 시멘트 수화반응에 따른 발열반응에 기인하여 1 ~ 5일에서 가장 높은 온도까지 상승하였다가 외기온에 의해 점차 식음으로써 외기온과 평형상태를 이루게 된다.

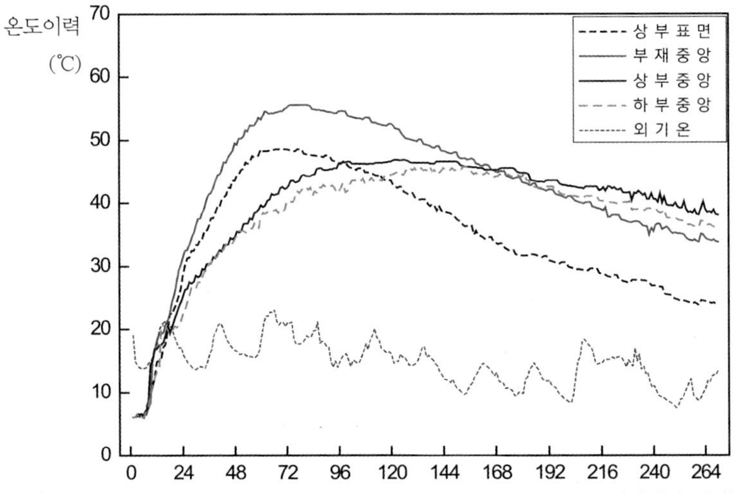

[그림 3.7] 콘크리트의 수화열 거동

그러나 이때의 구조체 거동을 보면 수화열이 발생할 때는 콘크리트가 선팽창계수에 의해 팽창하게 되는데, 콘크리트는 아직 굳지 않았으므로 팽창에 따라 늘어나는 움직임을 갖는다. 그러나 최고온도 이전에서 늘어난 상태로 굳어지게 되는데, 이번에는 수화열이 작아지게 되고 외기온에 따라 식어짐에 따라 점점 콘크리트 내부온도는 낮아져서 늘어났던 교대의 부피는 줄어들게 된다. 그런데 교대의 상부는 아무것도 없어 구속이 전혀 없는 자유단이 되어 쉽게 줄어드는데 비하여 하부는 교대기초 콘크리트 및 철근에 연결되어 구속됨으로써 줄어들지 못하게 되니 결국은 줄어들어야 하는 만큼이 균열로 발생하게 되는 것이다.

그것도 응력의 크기가 하부일수록 크기 때문에 하부에서 상부로 균열이 발생하며, 더욱이 1m가 넘는 엄청난 두께의 벽체에 관통균열로 나타나게 되는 것이다. 균열 발생 시기도 교대 콘크리트의 온도가 가장 높은 온도까지 올라가고 난 후부터 점차 식어지면서 온도 차이가 크게 발생하여 그것이 응력으로 작용하게 되는데, 이 응력이 콘크리트의 인장강도보다 크면 균열로 나타나게 되는 것이다. 따라서 이 균열은 콘크리트 타설 후 거푸집을 제거한 다음 1~2주에서 발생하는데, 그 후로도 어느 정도 계속 발생하게 된다.

본 구조물에서는 상기 수화열 이외에 부가적으로 크지는 않을지라도 균열 발생 원인이 존재한다. 첫째로는 건조수축이다. 수화열 최고온도 후 식는 과정의 수축처럼 콘크리트는 건조되면서 수축하여 균열 원인이 되는데, 이것은 특히 지하실 외벽의 경우에서도 중요한 균열 원인이 된다.

두 번째로는 계절적 원인도 있다. 여름에 고온에서 타설된 콘크리트가 가을로 가면서 온도가 낮아지면 부피가 줄어들게 되는데, 이 또한 수축에 의한 균열 원인이 된다. 이외에 매스 콘크리트인 만큼 수화반응 후 부피축소인 자기수축도 원인의 일부로 추가될 수 있다.

균열 방지대책 및 보수

원인을 알면 방지대책은 쉬울 수 있다. 방지대책의 첫 번째는 수화열 최고온도가 높아지지 않게 하는 것이다. 즉 저발열 시멘트, 광물질 혼화재 사용 등 재료 및 배합적으로 최고온도가 올라가지 않게 하는 것이라든가, 콘크리트 내부에 파이프를 설치한 다음 찬물이나 공기를 순환시켜 콘크리트 온도가 높아지지 않게 하는 파이프 쿨링 방법 등이 있다.

두 번째로는 콘크리트 타설 시 온도를 낮게 제조하여 부어넣는 프리 쿨링 방법이다. 냉풍, 얼음 등을 이용하여 타설한 콘크리트의 온도가 낮으면 역시 최고온도도 낮아질 것이고, 그러면 식고 나서도 최고로 상승되었던 온도와의 온도차가 작게 나타나므로 응력이 작게 작용하여 균열 발생이 축소될 것이다.

세 번째로는 교대기초와 교대 사이에 응력전달을 끊어 주는 것이다. 교대기초 공사 후 교대 콘크리트를 타설할 때 교대기초 상부면과 교대 사이에 고무판과 같은 것을 넣어주거나 혹은 초 지연 모르타르를 타설하여 일주일 이후에 굳게 함으로써 접합부에 작용하는 응력을 제거하는 방법이다.

마지막으로는 교대 콘크리트의 인장강도를 높여 인장응력에 대응하도록 하는 방법이다. 일례로 교대 콘크리트에 섬유보강 콘크리트 혹은 폴리머 콘크리트 등으로 인장응력에 강한 콘크리트로 만들어주는 것 등이 될 수 있다.

균열부 보수로는 가능한 한 오랜 시간을 두어 모든 응력에 의해 균열이 충분히 발생하도록 한 다음 사진 3.17과 같이 에폭시 수지를 주입하게 되면 더 이상 문제점은 없게 된다.

10.
모순 콘크리트

서 언

모순(矛盾)이란 중국 초나라 상인이 창과 방패를 파는 과정에서 "이 창은 어떤 방패로도 막지 못하는 창"이라 하고, 또한 "이 방패는 어떤 창으로도 뚫지 못하는 방패"라 하면서 팔고 있었는데, 이는 앞뒤가 맞지 않는 것으로서 모순이란 이러한 상황에서 유래된 말이다. 결국, 어떤 사실의 앞과 뒤 또는 두 사실이 이치상 어긋나서 서로 맞지 않음을 이르는 말인 것이다. 꼭 맞는 비유는 아닐지 모르지만 콘크리트는 창과 방패는 아닐지라도 군사적으로 방패 성격의 방어 용도로서 주로 이용되는데, 어떤 방공호나 엄폐호를 뚫고 들어가 그 내부를 파괴한다는 벙커 버스트Bunker buster라는 폭탄이 있는가 하면, 어떤 폭탄도 뚫지 못하는 방폭 콘크리트도 있을 수 있으므로 본 고에서는 섬유를 이용한 방폭 콘크리트의 제조에 대하여 소개해 보고자 한다.

방폭 콘크리트의 개념

전시에 야전에서 자신의 몸을 숨기면서 적과 싸우기 위하여 방어선을 따라 판 구덩이를 참호(塹壕)라고 하고, 이것을 연결한 것을 교통호라 한다. 초기 참호는 흙이나 모래 마대로 자신의 몸을 보호하기 위한 것이었다. 이

후 필자가 군생활을 할 때에는 2인용 유개산병호(有蓋散兵壕)라고 하여 작전지역에 땅을 파고 철제 거푸집에 철근을 배근한 다음 손비빔하여 콘크리트를 타설하였다. 방호용 철근 콘크리트 지붕이 있고, 벽도 흙보다는 우수한 성능을 발휘하고 있다. 그러나 최근의 경우 더욱 중요한 지휘부 등 군사시설인 경우는 EMP탄Electromagnetic pulse bomb에도 견딜 수 있도록 철근을 배근하고 2m 이상의 두께로 사방과 지붕을 콘크리트로 타설하는 등의 방호체를 만들고 있다.

그러나 어떤 창도 뚫지 못하는 방패처럼 어떠한 폭탄도 뚫지 못하는 강력한 성능의 콘크리트는 만들 수 없을까? 그렇다면 콘크리트는 고강도가 되어야 할 것이다. 그런데 콘크리트가 고강도화할수록 압축강도는 크겠지만 인장강도는 비례적으로 증가하지 않아 쉽게 부서지는 취성(脆性)적으로 되어 문제시되고 있다. 그렇다면 어떻게 취성적인 재료를 강하면서도 질긴 인성(靭性) 재료로 만들까? 하는 것이다.

제일 먼저 생각되는 것은 플라스틱처럼 콘크리트에 합성수지인 폴리머 재료를 넣어주는 것이다. 가능한 것이기는 하지만 가격 대비 효과가 별로 크지 않아 거의 이 방법은 채택되지 않는다. 따라서 가장 좋은 방법은 콘크리트에 섬유를 넣어주는 방법이다. 옛 선조들이 흙벽돌을 제조할 때 짚여물을 넣어주는 원리와도 같은 것이다. 이때 섬유의 종류로는 철로 이루어진 강섬유Steel fiber가 있고, 이 이외에도 유리섬유, PP섬유, 나일론섬유 등 유·무기의 무수히 많은 섬유가 있다.

콘크리트에 섬유를 넣어주면 질긴 콘크리트가 되어 좋기는 한데, 섬유를 넣는 양이 문제이다. 많이 넣으면 효과가 좋아지는 것은 기본인데, 지나치게 많이 넣으면 콘크리트가 잘 비벼지지 않고, 어느 정도 이상이면 섬유끼리 밤송이처럼 뭉치는 파이버 볼Fiber ball이 형성되어 효과가 반감된다. 따라서 콘크리트 용적에 1~2% 정도를 최대치로 하여 사용하는 것이 기본이다.

SIFCON

콘크리트에 섬유를 많이 넣으면 넣을수록 인성이 개량된다면, 콘크리트에 섬유함유량을 극단적으로 높이기 위한 새로운 공법으로 SIFCON Slurry infiltrated fiber concrete이 있다. 즉 이 방법은 거푸집에 철근을 배근하고 단섬유(일반적으로는 강섬유)를 거푸집 안에 가능한 한 많이 채운 다음, 시멘트와 물로 반죽한 시멘트 풀 혹은 시멘트 풀에 미세한 모래를 넣어준 모르타르를 물처럼 유동성이 높게 반죽하여 틈 사이를 채워준 후 굳히는 방법이다. 이 방법에 의하면 섬유를 10% 전후에서 많게는 20%까지도 혼입시켜 고인성 콘크리트를 제조할 수 있게 된다. 사진 3.18, 3.19는 다이너마이트에 의한 폭파 실험한 후의 모습을 나타낸 것이다.

[사진 3.18] 방폭실험 모습의 동영상

사진에서 볼 수 있는 것처럼 섬유 양이 많아질수록, 두께가 두꺼울수록, 또한 철근이 배근된 경우일수록 폭발력에 잘 견디고 있는 것을 알 수 있다.

혼합섬유 효과

동일한 섬유 혼입률에서도 방폭 성능은 유기·무기의 각종 섬유 종류, 모양, 길이 및 지름 등 여러 요인에 따라서도 달라진다. 유·무기 섬유 간에는 무기섬유로서 특히 강섬유가 유리할 수도 있다. 섬유 모양은 섬유 뽑힘과 관련하여 섬유에 요철 및 단부에 후크 등의 처리가 되어 있으면 우수하고, 섬유 길이는 길고, 직경은 가늘수록 유리하지만, 반대로 이와 같은 섬유의 혼합은 제조 및 시공성 면에서 유동성이 저하하여 불리하다. 따라서 시공성도 양호하면서 부착성능이 우수하고 아울러 가격도 저렴한 섬유 선정이 매우 중요하다.

[사진 3.19] SIFCON의 방폭성능 실험결과

그런데 폭발 과정을 면밀히 조사해 보면 방폭 성능은 순간적인 큰 힘과 지속적인 변형에 저항하는 것이 중요함을 알 수 있다. 순간적인 큰 힘은 강성이 큰 강섬유가, 지속적인 변형은 나일론(폴리아미드수지) 섬유가 유리

할 수 있다. 특히 유동성과도 연관하면 강섬유는 양단부가 굽혀진 모양을 수용성 접착제로 몇 개가 붙여지게 하여 건비빔에서는 장애 없이 잘 비벼지고, 물을 넣어주면 접착제가 녹으면서 잘 분산되도록 고안된 것을 활용한다. 나일론 섬유도 꼬아진 형태로 비빔에는 유동성 발휘에 지장을 주지 않지만 결국 물에 의해 비벼지는 과정에서 풀어져 골고루 분산되도록 고안된 것을 이용한다.

실무에 활용을 검토하기 위한 실험결과로서 사진 3.20은 TNT 폭약을 이용한 방폭실험 결과를 나타낸 것이다. 사진에서 보는 바와 같이 동일 섬유 혼입률에서 강섬유, 나일론 섬유 단독의 경우는 파괴 및 변형되었지만 강섬유와 나일론 섬유를 반반 혼합한 경우는 파괴되지 않았다.

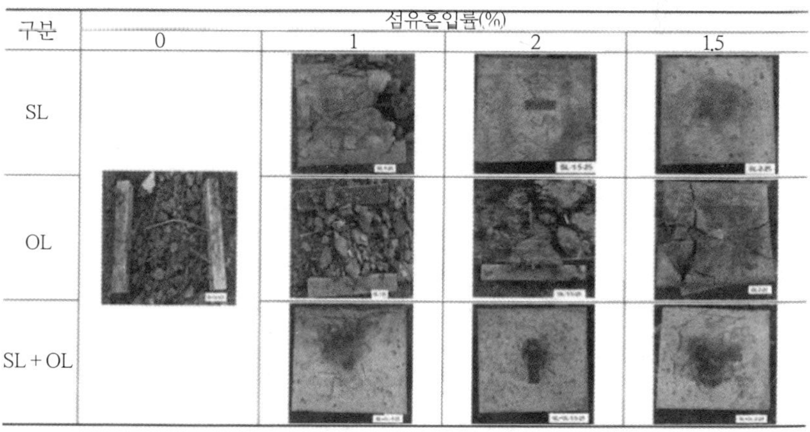

[사진 3.20] 혼합섬유의 방폭성능

결론적으로 순간적인 충격력에는 강섬유가, 지속적으로 작용하는 변형에는 나일론 섬유가 작용하여 폭발력에 저항한 결과로서 효율적인 재료 선정, 섬유가공, 혼입률 및 서로 다른 특성의 섬유혼합비율 등 최적 값을 찾아 고강도 콘크리트에 넣어주게 되면 '어떤 창에도 뚫리지 않는 방패'처럼 어느 폭탄에도 파괴되지 않는 모순적인 콘크리트 개발도 가능하지 않을까 생각해 본다.

11.
미리 응력을 넣어?

서 언

일생을 살다 보면, 인간의 지혜가 참으로 대단하다는 것을 느끼는 경우가 있다. 언제나 문제가 있으면 그것을 해결하려고 노력하고 있으니 말이다. 어찌 보면 인간의 위대한 모든 발명은 문제점을 해결하는 과정에서 나오지 않았나 하는 생각도 든다. 이와 같은 관점에서 본 고에서는 재료의 응력을 최대한 활용하는 방법으로 콘크리트에 미리 응력을 넣어주는 프리스트레스트 콘크리트Pre-stressed concrete: 이하 PSC에 대하여 소개해 보고자 한다.

문제 제기

우리가 건설공사에 이용하는 철근과 같은 강재는 꺾고, 구부리고 하여 콘크리트에 넣어준다. 이는 강재의 경우 상당히 큰 인성, 즉 많이 늘어나는 특성이 있다는 것이다. 그런데 이에 비하여 우리가 이용하는 콘크리트는 꺾거나 구부릴 수 없다. 이는 인성과 반대로 뚝 부러지거나 부서지고 마는 취성적인 재료라는 의미이다.

우리가 이용하는 건설구조물의 대부분을 보면 철근과 콘크리트가 합성되어 이루어진 철근 콘크리트 구조물이다. 이때 구조설계면에서 콘크리트는 압축력에 강한 반면, 인장력에 매우 약해 압축력을 받는 곳에만 쓰이고,

인장력이 작용하는 곳에는 철근을 넣어 그것으로부터 인장력을 받도록 해주는 것이다. 특히, 철근 콘크리트 보인 경우로 우선 철근이 없는 단순보라고 하면, 보의 상부에서 하중이 가해질 때 휘어지는 거동을 보여 상부는 압축력이, 하부에는 인장력이 걸리게 되는데, 콘크리트는 인장강도가 약하므로 하부쪽에서부터 균열이 발생하여 보가 파괴된다. 그런데 이때 보의 하부에 철근을 배근해준다면 더 큰 힘을 받는 것은 당연하겠지만, 어느 일정 하중에서는 인성이 약한, 즉 취성을 나타내는 콘크리트에 먼저 균열이 가게 되어 잘라졌지만, 인성을 갖는 철근은 늘어나면서 아직도 얼마 간의 힘을 더 받을 수 있는 것이 된다. 따라서 철근 콘크리트 보를 구조계산할 때 콘크리트의 인장강도가 물론 작게라도 존재하지만 이는 미미한 부분으로 무시하고 철근만이 힘을 받는 것으로 구조계산을 하는 것이다.

그렇다면 철근 콘크리트 보의 경우 철근은 아무리 힘을 더 받을 수 있다고 해도 콘크리트에 인장균열이 발생하였다면 철근 콘크리트의 내구성을 고려해 볼 때 용납할 수 없는 것이므로 결국은 철근은 더 많은 응력을 받을 수 있음에도 불구하고 사용하지 못하고 버려져 있는 것이다.

문제의 해결 방안

이와 같이 버려져 있는 철근의 힘을 최대한 활용하여 이용한다면 더 큰 보의 길이Span를 갖는 구조물도 가능할 수 있고, 동일한 보의 길이라면 강재의 양을 줄일 수도 있을 것이다. 가능한 방법은 그림 3.8과 같이 철근과 같은 강재를 보가 휘어질 때 인장력이 걸리는 위치에 미리 큰 힘을 주어 당겨서 압축력을 넣어주는 방식으로 구조체를 설계하여 시공한다면 보의 상부에 큰 하중이 작용해도 콘크리트는 인장력이 압축력으로 상쇄되기 때문에 문제가 없고 철근은 받을 수 있는 만큼 더 큰 힘을 받게 되어 결국은 가장 효율적인 구조물이 되는데 이와 같은 구조물을 프리스트레스트 콘크리트(PSC) 구조라고 한다.

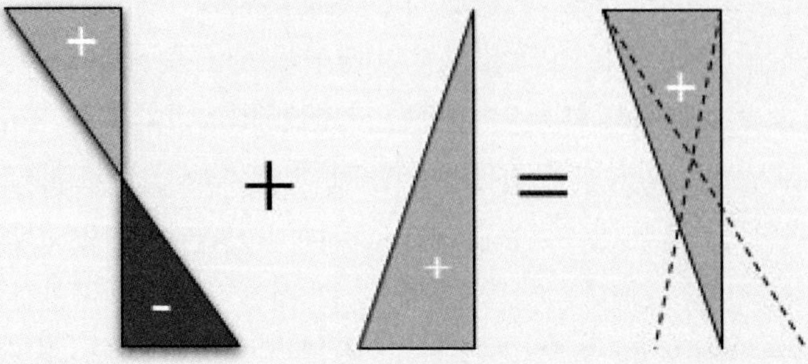

[그림 3.8] PSC의 원리

PSC의 종류 및 시공

그런데 이와 같은 PSC에는 철근 모양의 강재가 매우 중요한데 일반 철근보다 몇 배 강한 피아노를 만들 때 쓰는 PS강재Pre- stressing steel를 사용하게 된다. 물론 PC강재는 가는 강선을 그대로 쓸 때도 있지만 몇 가닥을 꼬아서 만든 PS스트랜드(Strand: KS D 7002) 혹은 굵게 만든 강선인 PS강봉(KS D 3505) 중 필요에 따라 선택하여 이용하게 된다.

또한, 이와 같은 PSC는 응력을 언제 도입하는가에 따라 미리 당김Pre-tension: 프리텐션 방식과 나중 당김Post-tension: 포스트텐션 방식이 있다. 프리텐션 방식은 공장에서 주로 채택되는데 T형보, 말뚝 등에 이용되고, 일례로 말뚝을 만드는 경우라면 사진 3.21과 같이 철제 원통 반쪽 거푸집 속에 둥근망 형식으로 미리 가공한 PS강선을 배치하고 콘크리트를 부어 넣은 다음 반대쪽 뚜껑을 닫고 단부에서 PS강선을 당겨 프리스트레스를 가한 후 원심력을 가하는 원심대에 올려 돌려줌으로써 원통 형태의 말뚝을 만들고, 이것을 뜨거운 증기로 양생한 다음, 콘크리트가 굳어지게 되면 거푸집에서 강선을 잘라주어 콘크리트에 압축응력이 작용하도록 해준 다음 선단부에 슈를 붙이는 등 적당한 가공을 하여 제품을 완성하게 되는 것이다.

(출처: 아이에스동서 콘크리트사업부)

[사진 3.21] 말뚝의 원심 성형 모습

반면, 포스트텐션방식은 현장에서 주로 채택되는데, 구조체 외부와 내부로 나누어져 이용되지만 여기에서는 내부에 한하여 소개한다. 일례로 보Girder 혹은 Beam를 만드는 경우라고 하면, 땅을 골라 수평지게 한 상태에서 거푸집과 철근을 배근하고 아울러 PC강선을 배근할 위치에 쉬스Sheath라고 하는 관을 배치하게 된다. 다음에 거푸집에 콘크리트를 타설하여 보를 제조하고, 보의 콘크리트가 충분히 굳어져 강도를 낸 다음에는 쉬스 속에 PS 강선을 배치하고, PS강선을 당겨주어 고정함으로써 프리스트레스를 도입하는 것이다. 특히 쉬스 관 속에 PS강선을 삽입·긴장시키고, 이 강선과 콘크리트 간의 부착력을 확보하도록 쉬스 관 속을 시멘트를 주재료로 하는 그라우트로 채워주는 부착 시스템Bonded system과 PS강재와 콘크리트 부재를 부착시키지 않는 비부착 시스템Unbonded system으로 구분된다.

이와 같이 하여 만들어진 우수한 구조시스템인 PSC의 경우 토목 분야에서는 오래 전부터 교량 등을 중심으로 많이 사용하여 경험이 충분히 축적되었고, 기술도 많이 발전되어 있다. 그러나 유감스럽게 건축구조물의 경우는 사진 3.22와 같은 지하주차장의 슬래브 등 특수한 구조물 이외에는 거의 사용되지 않고 있는 것이 현실이다. 따라서 금후의 과제로서는 앞으로 많이 도입될 것으로 예상되는 공업화주택 등 조립식 건축이나 공장구조물 등의 경우는 공장에서 미리 만든 부재들을 운반해 와서 조립하는 경우가 많은데 이와 같은 경우에 PSC를 적극 도입하게 된다면 큰 효과를 볼 수 있으므로 이 분야가 실무에서 많이 활용될 수 있기를 기대해 본다.

[사진 3.22] PSC로 이루어진 아파트의 지하주차장

12.
시멘트를 사용하지 않는 콘크리트

서 언

모래·자갈의 골재를 유기질이든 무기질이든 결합재(접착제)로 굳혀 만들어진 것을 콘크리트라고 한다. 그러나 일반적으로 콘크리트라고 말하면 시멘트Cement를 결합재로 이용한 것을 말하는데, 역시 어원적으로 시멘트란, 유·무기질의 접착제를 통칭하는 것이므로 정확히는 현재 우리가 가장 많이 사용하는 포틀랜드 시멘트를 결합재로 이용하는 것을 말한다. 그렇다면 포틀랜드 시멘트 이외에 접착제로 굳혀도 콘크리트가 만들어지지 않을까? 일례로 본드Bond와 같은 합성수지계의 접착제이거나 아스팔트, 유황 등 천연의 접착제로 붙여도 콘크리트는 될 수 있을 것이다. 그러므로 본 고에서는 이와 같은 포틀랜드 시멘트를 사용하지 않는 콘크리트에 대해서도 알아보도록 한다.

합성수지를 접착제로 이용하는 콘크리트

지구상의 여러 물질 중 화학적으로 단순한 조성체를 갖는 것을 모노머 Monomer: 단량체라고 하고, 이 모노머가 열 압력, 건조 등 다양한 조건에서 수만 혹은 수십만 분자로 결합되어 만들어진 것을 고분자 물질, 합성수지 혹은 폴리머Polymer 물질이라고 한다. 이렇게 만들어지는 과정에는 열을 받으면 딱딱해지는 것이 있는데, 이를 열경화성 수지(축합반응), 물렁물렁해지는 것을 열가소성 수지(중합반응)라고 한다. 구체적인 원료에 따른 종류로는 무수히 많은 것이 있다. 그런데 이와 같은 폴리머 물질을 콘크리트에 이용하는 것에는 다음과 같은 3가지 형태가 있다.

첫째로는 폴리머 시멘트 콘크리트가 있다. 이는 일반적인 시멘트 콘크리트를 제조할 때 방수성, 보수성, 접착성, 방식성 등 특수한 성능을 향상시키기 위하여 콘크리트에 폴리머를 더 넣어주는 것을 말한다. 이때 넣어주는 폴리머 재료로는 0.03~1μm 정도의 구 형상인 폴리머 미립자가 물에 흩어져 있는(폴리머 디스퍼전) SBR 라텍스, EVA 혹은 PAE 에멀션(유제) 등이다. 최근에는 이와 같은 폴리머 디스퍼전을 건조분말로 하여 콘크리트에 혼합시킨 후 물에 의해 다시 에멀션화되게 하는(재 유화) 분말상의 재 유화형 수지(EVA 등)를 콘크리트 제조 시 이용하기도 한다.

두 번째로는 폴리머 함침 콘크리트이다. 이것은 굳어진 콘크리트에 많은 공극이 있다면 이 공극에 액상의 반응성 모노머를 침투시킨 후 중합처리하여 콘크리트와 폴리머를 일체화시키는 것이다. 이때 주로 함침에 이용하는 재료는 메타크릴산 메틸이나 스티렌과 같은 점성이 작은 화합물이 사용되고, 폴리머 반응을 위한 개시제, 가교제 등도 이용된다. 함침을 시키는 재료는 공장제품 혹은 현장시공 중의 적용으로써 전 함침, 부분 함침이 있다. 당연하겠지만 함침하고 나면 강도, 내구성, 내마모성, 내충격성 등 모든 품질이 향상된다.

세 번째로는 폴리머 콘크리트이다. 이것이야말로 시멘트를 전혀 이용하지 않고 폴리머만으로 모래·자갈 등의 골재를 굳혀 시멘트 콘크리트가 갖지 못하는 특별한 성능을 갖도록 만드는 것이다. 사용하는 폴리머 결합재로는 열경화성 수지로 불포화 폴리에스테르, 에폭시, 폴리우레탄, 페놀 등이 있고 이외에도 타르변성수지, 비닐모노머 등이 사용된다. 특징으로는 폴리머 결합재가 반응을 일으킬 수 있게 개시제를 넣어주어야 하고, 경화 과정에서 큰 수축을 일으키므로 수축저감제 및 가교제를 넣어주며, 또한 합성수지 가격이 고가이므로 이 양을 줄이기 위해 충전재를 넣어주어 제조된다. 이렇게 만들어진 폴리머 콘크리트는 조기 강도 발현, 큰 강도 발현 및 우수한 내구성 등이 있으므로 이것을 이용하여 사진 3.23과 같은 조경재, 바닥재, 포장재, 방식재, 접착재, 보수재, 방수재, 프리캐스트 공장 제품 등에 가격은 비싸지라도 품질이 우수하여 다양하게 이용되고 있다.

[사진 3.23] 폴리머 콘크리트 제품의 일례

아스팔트 콘크리트

천연에서 산출되는 아스팔트 혹은 천연에서 산출되는 석유를 건류하고 남은 인공의 아스팔트이건 간에 아스팔트에 열을 가하면 물렁물렁하여 액체처럼 되고, 식으면 고체처럼 딱딱해진다. 따라서 사진 3.24와 같이 도로 포장 등에 잔·굵은골재 및 충전재와 아스팔트 등을 고온에서 혼합한 뒤 차량으로 운반하여 도로 등에 깔고 롤러로 다지면서 식히면 아스팔트 콘크리트(아스콘)가 만들어진다. 이와 같은 아스팔트 콘크리트는 검은색으로 대부분 빛을 흡수하고 조금 반사하여 시야가 양호하고, 겨울철 결빙도 적고, 시멘트 콘크리트 포장도로보다 차량에서의 승차감도 양호하여 중요한 포장도로에 많이 이용된다.

그러나 고온가열 아스팔트의 경우는 유해성 가스 배출과 고에너지 소비가 문제시됨에 따라 최근에 개발된 기술로는 중온 아스팔트 및 상온 아스팔트의 콘크리트 기술도 보급되고 있다.

(출처: https://youngdream.tistory.com)

[사진 3.24] 아스팔트 콘크리트 포장 현장

유황 콘크리트

유황은 화학기호로 SSulfur이며 상온에서는 노란색의 고체이다. 화산지대 등에서 천연상태로 유황이 존재하기도 하지만 공업용은 석유 및 천연가스 등의 탈황 정제과정에서 발생하는데 석유류 등 연료소비량이 급격히 증가하면서 남는 양이 많이 발생하여 이를 기존 용도 외에 새로운 용도로의 개발이 검토되는 과정에서 유황 콘크리트, 유황 아스팔트, 유황 함침 콘크리트 등이 생겨났다.

유황 콘크리트는 아스팔트 콘크리트와 유사하게 고온으로 가열한 크고 작은 입도를 조정한 골재에 충전재 및 가소제와 함께 고온으로 용융한 유황 혹은 개질 유황을 넣고 혼합한 다음 거푸집에 타설하게 되는 것이다. 유황 콘크리트는 냉각되면서 경화되는 것이므로 급속히 강도를 얻게 되는데 1시간 만에 최종강도의 80%를 발휘한다. 그런데 기존의 순수 유황 콘크리트는 취성 및 내구성에 문제가 많았으나 이를 개선한 개질 유황 콘크리트는 빠른 강도에 고강도 및 산과 염분에 대한 내식성 등 내구성에도 우수하여 신규 바닥, 기초, 배수 시스템 및 화학 분야의 산업현장에도 폭넓게 사용되고 있다.

기타 콘크리트

상기 이외에도 시멘트를 사용하지 않는 콘크리트는 얼마는지 존재하고, 이후에도 새로운 개발품이 존재할 수도 있는데, 일례는 알칼리 활성 콘크리트, 회반죽 콘크리트, 돌로마이트 콘크리트, 황토 콘크리트 등을 들 수 있다.

알칼리 활성 콘크리트는 일반 콘크리트와 동일한 재료 및 구성에서 시멘트 대신 플라이애시(FA) 혹은 고로슬래그 미분말(BS)을 사용하고, 여기에 수산화나트륨(NaOH), 수산화칼륨(KOH) 등 9 ~ 12몰Mol의 강알칼리성 수용액을 이용하여 FA 및 BS의 알칼리 활성 반응다중 축합반응: Polycondensation을 유도함으로써 강도를 내게 하는 것으로서 일명 특허 출원된 상품명으로 지오폴리머Geopoly-mer라고도 한다.

회반죽 콘크리트 및 돌로마이트 콘크리트는 미장 재료로 쓰이는 기경성의 소석회 및 돌로마이트 석회를 마사토 등의 골재와 혼합하여 고건축에서 벽미장 혹은 바닥 다짐(백토 다짐) 등에 이용한 적이 있다. 황토 콘크리트 역시 고건축에서 천연상태의 황토를 결합재로 이용하여 구조체 및 미장재로 활용했던 예가 있는데, 현대에서도 몇 가지 첨가물을 이용하여 성능을 개선한다면 활용할 가능성은 충분히 있다.

제 4 장

CONCRETE STORY

레미콘 품질관리 및 기타

01.

실무에서 다시 배운다

서 언

우리가 일상생활에서는 말을 통하여 마음 속의 생각을 표현하게 된다. 그런 말 중에는 겸손한 말이 있고, 자만에 찬 말도 있다. 특히 사진 4.1과 같이 회사 입사면접과 같은 면접시험에서는 주로 겸손한 말을 써야 하지만 경우에 따라서는 본인의 노력이나 실력을 과시하기 위해 자만에 찬 말을 구사하는 경우도 있는데, 이런 경우는 앞뒤를 잘 판단하여 조심할 필요가 있다. 따라서 본 고에서는 기업의 면접 과정에서 느꼈던 것으로 한번쯤 생각해보게 하는 자만에 찬 피면접자의 발언과 관련한 내용에 대하여 다시 한번 회상해 보고자 한다.

(출처: https://content.v.kakao.com/v)

[사진 4.1] 면접 모습

면접의 개요

○○○○년 6월 10일 ○○지역에 있는 ○○기관의 건설관리 및 시설관리(건축) 분야 기술직 1명을 선발하기 위한 대면평가인 면접시험이 진행되었다.

정년 퇴임 후 특별히 할 일도 많지 않았던 차에 ○○기관으로부터 면접관 의뢰 전화를 받았다. 필자는 정년 퇴임한 사람으로 나이가 많은데, 그래도 괜찮겠냐고 물었더니 상관없다고 하여 참여하는 것으로 하였다.

필자의 전공은 건축재료 및 시공 분야로서 2~3일에 걸쳐 생각나는 대로 30여 개의 질문을 만들어 면접에 임하였다. 예년과 달리 면접 분위기는 이름과 출신 등을 철저히 감춘 상태의 블라인드 면접으로 혹시 면접 중 공정성에 문제가 될 수 있는, 즉 아는 사람이 있다면 면접 제척 신고를 하도록 요구받는 등 공정성을 유지하며 면접을 진행하였다. 피면접 대상자는 많은 응시자 중 1차로 서류 합격한 15명으로서 치열한 경쟁임을 알 수 있었다. 1인당 25분의 시간이 공지되었으므로 철저히 준수할 수밖에 없었는데, PPT발표 10분, 면접관 4인의 질의응답이 15분으로 필자가 할 수 있는 질문 내용은 2~3문항 정도였다.

대다수 타 직장에 1~3년 인턴 혹은 정규직으로 근무한 경우가 많았는데, 지망이유는 공사현장에 따라 옮겨 다니지 않아도 되기 때문에 지망하게 되었다는 사례가 많았다. 역시 건설공사 현장을 따라 이사하는 것이 현세대 젊은이들에게는 부담인 것을 알 수 있었다. 또한, 필자의 면접 진행 순서는 4명의 면접관 중 마지막 순번으로서 대략적인 질문 내용은 "이 건물의 수명은 몇 년으로 설계할까요? 몇 년이라고 하면 그 근거는? 구조체에서 설계기준 강도와 레미콘의 호칭강도의 차이점은? 품질관리 중 레미콘의 압축강도 시험에서 합부 판정 기준은? 경화 콘크리트에 물이 닿으면 물은 콘크리트의 어느 곳으로 들어가나? 콘크리트에 존재하는 공극의 종류는?" 등으로 간단하고 기본에 관한 것이었지만 피면접자 대부분은 거의 대답을 못하여 아쉬움이 있었다.

다시 배운다

면접을 진행함에 있어 본인을 소개하는 10분에서는 성의 없는 지원자도 있었지만, 대부분은 PPT자료를 만들어 그런대로 잘 발표하였다. 그렇지만 발표자 중 한 명의 경우 열의가 넘쳐서인지 본인을 지나치게 어필하기 위함인지 모르겠지만, 본인의 업적을 소개하면서 "대학교육과 실무에는 괴리가 있어 실무에서 전부 다시 배웠다"라고 말을 하는 것이었다. 심정은 이해가 가는 것이지만 대학교육을 담당하고 있는 교수 입장에서는 피면접자에게 다시 한번 숙고하게 하고, 또한 잘못된 생각은 일러주지 않을 수 없어 한마디 코멘트를 해주었다.

원래 대학교육은 전혀 전공을 모르는, 그리고 실무경험도 없는 학생에게 전문지식을 가르치는 것이다. 그렇다 보니 학생들은 간단한 것도 쉽게 잊어버리고, 수업 중에 실무에서 매우 중요하다고 아무리 힘주어 강조를 해도 기억 못하기 마련인 것이다. 그러하기 때문에 실무과정의 재교육은 대학교육을 다시 한번 상기시키고, 또한 새롭게 발전된 것이나 해당 업무에 관한 극히 전문적인 것을 발췌하여 교육하는 것이다.

피면접자에게 실무가 만약 대학교육과 괴리(서로 어긋나 떨어짐)가 있다면 대학교육은 왜 하는가를 질문하였더니 사태를 파악했는지 잘못된 단어를 선택하였다고 하며 즉시 시정을 하여 더 이상은 질문하지 않고 한마디 조언을 하였다. 즉 평상시에 보면 내가 가르친 제자도 마찬가지라서 내가 제자들에게 가끔 했던 말을 일러주었다. 즉 실무에서 누구에게든 질문을 받았을 때 그 답을 모를 경우 변명으로 절대 안 배웠다고 말하지 말라. 안 배울 확률보다는 네가 배운 것을 잊어버려서 기억이 안 날 확률이 더 많기 때문에 '안 배웠다고 하기보다는 기억이 안 난다'고 대답하라고 하는 것이었다. 대학교육에서 접하는 정보의 양은 옛날과 달라 어마어마하다. 최근의 경우는 워낙 철저히 교육하여 최소한도로 기본이 되는 것은 모두 가르쳐주었다고 판단된다.

면접 말미에 그 피면접자에게 물어보았다. "여기는 기업의 면접이라 대학교수가 없는 줄 알고 그렇게 말한 것이지요?" 면접관 모두가 한바탕 웃음을 웃고 면접의 지루함을 잠시 달래기도 하였다.

02.
속이고 속는 콘크리트(Ⅰ)

서 언

어느 대중가요(김수희의 '서울여자')에 사진 4.2와 같이 '속이고 속는 세상'이라는 한 구절의 가사를 들은 적이 있다. 사랑만의 문제는 아니겠지만 우리나라는 이와 같은 상황이 여러 곳에 도사리고 있는 것 같다. 즉 어느

(출처: 김수희-서울여자)

[사진 4.2] 속고 속이는 세상에 관한 노래 악보

규정이 있으면 그 규정을 잘 준수하기보다는 어떻게 하면 그 규정을 피해 가고, 변칙을 찾아내는 등 창의적이라는 면에서 좋을 수 있겠지만 바람직한 자세는 아닌 것 같다. 레미콘산업과 관련하여서도 예외가 아닐 수 없는데, 그와 같은 내용 중 본 고에서는 레미콘 배합 과정에 대한 문제점을 먼저 소개해 본다.

레미콘 배합에서 물

레미콘 배합에서 제일 중요한 것은 물의 사용량이다. 즉 콘크리트 강도는 일반인들의 경우 시멘트 사용량이 중요한 것으로 알고 있지만, 아무리 시멘트를 많이 넣더라도 그에 따라 물이 많이 들어가면 반죽은 질어서 일하기는 좋을지라도 건소수축이 커지는 등 품질이 나빠지고, 강도는 거의 향상되지 않는다. 반면 시멘트 양은 동일하더라도 물의 양을 줄이면 콘크리트 반죽이 되어는 지겠지만 강도는 향상되게 된다. 따라서 좋은 골재나 플라이애시 등 양호한 원재료를 이용하게 되면 동일 질기일 때 동일 시멘트량에서 물을 적게 씀으로써 강도가 올라가고, 물을 적게 쓰는 만큼 시멘트를 적게 쓰게 되면 경제적인 배합이 될 수도 있다.

최근에는 골재 등 원재료 사정이 나빠짐에 따라 물을 많이 쓸 수밖에 없음에 이를 해결하기 위한 방법으로 일부 레미콘사에서는 혼화제인 감수제 혹은 고성능 감수제 등을 많이 이용하고 있다.

이와 같은 사정을 감안하여 국가에서 정한 사진 4.3과 같은 『콘크리트 표준시방서』의 경우는 골재 등 원재료의 품질이 나빠짐에 따라 물의 사용량이 늘어나게 되면 마르면서 줄어드는 건조수축량이 커짐에 따라 콘크리트에 균열이 많이 발생할 수 있으므로 콘크리트 $1m^3$ 제조에 필요한 물의 사용량을 $185kg/m^3$ 이하로 규정하고 있다. 그렇다면 레미콘 생산자들은 불량 골재 등 불량 자재를 사용하지 않고, 필요하면 고성능 감수제 등 약을 사용하면서 규정을 지키도록 노력하면 좋으련만 실무는 그렇지 못하다.

우선, 양질의 골재는 고갈되어 근본적으로 구할 수 없는 것도 문제이지만 값싼 골재가 기본을 이루다 보니 양호한 골재는 쓰려고 하지 않고 있다. 이때는 감수제 혹은 고성능 감수제로 성능을 높여 사용하면 좋으련만, 배합이 민감해지는 부분도 있고, 무엇보다 돈이 더 들어가는 것이다 보니 배합보고서 상으로는 물의 사용량을 175kg/m^3 등으로 하여 185kg/m^3 이하의 규정을 만족하는 것으로 하고서는 실제로 출하되는 배합에 사용하는 물의 양을 그보다 훨씬 많은, 경우에 따라서는 200kg/m^3 이상인 경우도 있다. 물론 레미콘 생산기록인 프린터 상에는 전혀 문제없이 규정에 딱맞는 것으로 찍힌다. 앞에서 언급한 것처럼 규정을 지키려는 노력보다는 어떻게 하면 빠져나갈까를 먼저 생각하니 이런 현상이 나타나는 것이다.

(출처: https://www.aladin.co.kr/shop)

[사진 4.3] 콘크리트 표준시방서

골재의 표면수율

이러한 상황을 가능하게 하는 방법은 일부 레미콘사에 한정된 이야기이지만 레미콘 생산과정에서의 골재 표면수율 입력으로 문제를 해결한다. 즉 잔골재 등 골재에는 내부에도 물이 있지만 표면에도 존재한다. 배합설계 기준은 골재 내부의 공극은 물로 가득 차 있고 표면은 건조되어 있는 '표면

건조 포화상태'를 기준으로 한다. 그러나 실제 레미콘 생산에 이용되는 잔골재 등 골재는 이보다 물이 많은 상태가 일반적인데, 골재 표면에 있는 물의 양 만큼은 콘크리트 비빔시 물량에서 빼주어야 하는 것이 원칙이다. 물론 우리나라 레미콘의 경우 잔골재에 표면수량(비율로 하면 표면수율)이 얼마인지 정밀한 기기로 실시간 자동으로 측정할 수 있고, 이만큼 물의 양을 컴퓨터가 알아서 자동으로 보정해 주는 시스템도 있다.

그러나 나빠진 골재 사정은 물론이고, 주문한 규격에 맞춰 출하한 레미콘임에도 불구하고 되서 콘크리트를 못 치겠다고 불만이 나오게 되면 결국에는 콘크리트를 질게 만들어 타설할 수밖에 없다.

(출처: https://www.cctvnews.co.kr)

[사진 4.4] 레미콘사에 전화하는 상황

그러면 레미콘사에서는 기록상으로는 전혀 문제가 없으면서 어떻게 질게 맞춰 갈까? 방법은 간단하다. 자동으로 측정할 수 있는 잔골재의 표면수율을 이번에는 수동으로 바꾸는 것이다. 축축하게 젖어 있는 잔골재를 말랐다고 표면수율만을 변경하여 입력하는 것이다. 그렇다면 어떻게 될까? 모든 기록은 전혀 문제가 없으면서 표면수율 차이만큼 물만 더 첨가되는 것이다. 잔골재의 표면수율은 최대 10%까지도 되는 경우가 있는데, 1m^3 레미콘 생산에 잔골재가 800kg 사용된다고 가정하면 80kg까지는 물을 넣을 수 있으니 원하면 얼마든지 가능한 것이다.

이렇게 되다 보니 콘크리트 배합에서 제일 중요한 것은 물로서 특히 물과 시멘트의 비율Water/Cement: W/C이 중요한데, 물이 제 마음대로 변하는 상황이라면 레미콘사의 배합자료는 믿어도 되는 것일까? 그야말로 속이고 속는 세상과 어우러져 안타깝기 짝이 없다.

프린터 문제

또 하나의 문제는 이중 프린터에 관한 것이다. 문제의 출발은 짧은 시간에 오차 없이 계량하는 계량정밀도(동하중 검사)가 우리나라 현실에 맞지 않아 출발했겠지만, 극히 일부에 해당하는 레미콘사는 경우에 따라 2중 프린터를 활용하기도 한다. 즉 레미콘 생산을 조정하는 것은 컴퓨터 프로그램인데, 이와 같은 프로그램상에서 실제 생산은 A프린터, 검사를 받거나 레미콘 주문자에게 제출하는 등 보여주는 것은 B프린터인 것이다. B프린터에서 나오는 자료는 난수표를 돌려가며 오차범위 안에서 기가 막히게 정확히 레미콘이 생산되고 있는 것처럼 보여지고 있는 것이다. 그러니 역시 생산기록 상에서도 속이고 속는 세상과 어우러져 복마전식으로 관리되고 있으니 내부는 엉망일지라도 외부로 노출되는 것은 세계 최고 수준이다. 과연 이런 속이고 속는 콘크리트 상황은 언제까지 계속되어 갈 것인지?

03.
속이고 속는 콘크리트(Ⅱ)

서 언

앞에서는 콘크리트 배합 및 생산과 관련한 속이고 속는 콘크리트에 대하여 소개해 보았다. 이제는 현장에 도착한 레미콘의 인수검사와 관련한 내용에 대하여 속이고 속는 콘크리트에 대하여 소개해 본다. 단, 여기서 소개하는 것은 일부 잘못된 몇 개의 레미콘 사례이므로 자칫 잘못하면 모르고 있는 곳에서도 배우게 되는 누를 범할 수 있으므로 간략히 개요만을 소개해 보도록 한다.

인수검사의 개념 및 항목

우리의 일상사에서도 필요한 물건이 있으면 판매자에게 주문한 다음 그 물건이 도착하면 당연히 내가 주문한 것이 맞는지, 내가 요구한 성능을 이상 없이 발휘하는지 확인하고 받아들이는 것이 기본이다. 값비싼 레미콘의 경우도 마찬가지이다. 기본적으로 주문하고자 하는 레미콘의 경우는 규격이 있는데, 일례로 「25-24-150」이라고 하면 앞의 숫자 25는 굵은골재 최대치수가 25mm라는 것이고, 중간의 24는 호칭강도로서 20±2℃의 물 속에서 대부분은 28일간 양생한 다음 압축강도를 시험한 것으로 24MPa 이상 발휘된다는 것이며, 맨 마지막 150은 목표 슬럼프 값으로써 150±25mm라는 것을 의미한다. 이외에도 공기량은 4.5±1.5%, 염화물량은 0.30kg/m^3 이하이며, 기타 콘크리트의 온도라든지 무게(단위용적질량) 등도 있을 수 있다.

굳지 않은 콘크리트

그럼 제일 먼저 레미콘 차가 현장에 도착하면 하는 일로서는 송장을 확인하는 것이다. 우리 현장에 오는 것이 맞는지, 주문한 규격은 옳은지, 운반 시간은 90분 이내에 도착한 것인지 등인데, 이 중에서 하나라도 잘못된 것이 있다면 레미콘 차를 돌려보내야 한다.

(출처: http://www.greenpostkorea.co.kr/news)

[사진 4.5] 레미콘 운반

송장 검토 결과 문제가 없으면 운반된 레미콘을 건설공사에 이용하게 되는데, 이때는 우선 육안검사로 품질의 결함 유무를 확인하고, 만약 문제가 있으면 즉시 시험 검사하여 시정조치를 취하지만, 문제가 없으면 일정한 양이나 주기마다 품질시험 검사를 하게 된다. 제일 먼저는 시험에 이용하게 될 시료 채취이다. 시료 채취의 기본은 대상 검사단위(1 Lot는 450m^{3}이고, 150m^{3}마다 1회씩)에서 임의의 차량에서 하는 것이지 "이것으로 해주세요"라고 지정한 차에서 하는 것이 아니다. 시료는 레미콘 차 전체의 품질을 대표할 수 있도록 채취해야 하므로 전반부, 중반부, 후반부에서 3회 이상 배출 흐름을 바꾸어 균등하게 리어카 등에 담아 채취한다. 채취한 시료는 각삽 등으로 잘 섞어 균일하게 한 다음 각종 시험 검사에 이용한다.

시료에 대한 첫 번째 검사로는 굵은골재 최대치수가 될 수 있는데, 이는 육안으로 보면 20mm인지, 25mm인지, 40mm인지를 구별할 수 있어 특별히 문제시되는 사항은 아니다. 단, 이때 레미콘이 너무 거칠게 느껴진다면 골재가 연속입도를 잘 이루고 있는지 혹은 골재 입자가 너무 각이 져 있지는 않은지 등을 확인한다. 다음은 슬럼프Slump 값이다. 슬럼프란 밑지름 200mm, 윗지름 100mm, 높이 300mm인 사진 4.6과 같은 형틀에 3층으로 콘크리트를 채워 넣고 각층을 25회씩 다짐봉으로 다진 다음 상부 표면을 평활하게 하고 천천히 형틀을 들어 올리면 형틀 안에 다져 넣은 콘크리트가 주저앉게 되는데, 최초 300mm에서 얼마 만큼 주저앉았는지가 슬럼프 값이 된다. 슬럼프 값이 150mm보다 크면 진 콘크리트이고, 150mm보다 작으면 된비빔 콘크리트이다.

[사진 4.6] 슬럼프 시험

이 경우 주문을 150mm로 하였다면 ±25mm의 범위에 있어야만 합격이다. 그런데 이와 같은 실험을 레미콘을 주문한 사람이 하여 합격되었다면 비교적 문제는 적겠지만, 실무에서는 이 실험을 레미콘사 품질관리 담당자가 하고 주문한 건설사 직원은 카메라를 들고 사진만 찍는 경우가 많다. 그러다 보면 이때 너무 슬럼프 값이 작게 되거나 크게 되면 문제가 될 수 있으므로 레미콘사 품질관리 담당자는 다양한 방법으로 범위에 들도록 기술이 도입되게 되어 결국 속이고 속는 행위가 일어난다.

공기량의 경우도 4.5±1.5%의 범위를 준수해야 한다. 그런데 만약 공기량이 많거나 적어지면 역시 불합격되지만, 다양한 눈속임의 기술이 합격되도록 할 수도 있으므로 속고 속이는 행위가 이루어지지 않도록 주의하여야 한다.

경화 콘크리트

굳고 난 콘크리트를 시험하는 것은 압축강도가 기본이다. 굳지 않은 상태에서 압축강도를 확인할 수 없는 것은 아니지만 표준은 레미콘 납품 시 굳지 않은 콘크리트의 품질에 이상이 없을 경우 형틀(직경 100mm, 높이 200mm의 원통형: 실린더 몰드)에 콘크리트를 채워넣어 공시체(시험체)를 제작한 다음, 현장에서 28일간 물 속에서 양생한 후 이와 같은 공시체를 감리·입회하에 현장에서 강도를 시험함으로써 합격 여부를 판정한다.

그런데 문제는 관리를 편하게 하고 작은 돈이라도 아끼기 위함인지 몰라도 우선 현장에서 제작된 공시체의 양생을 레미콘사로 보낸다. 그러면 레미콘사는 이 공시체를 적절히 양생을 실시한 후 공인시험기관에 검사 의뢰하여 성적서로서 그 결과를 건설사에 보내준다. 그런데 이때 레미콘사로 보내준 공시체가 정직한 경우라면 문제가 없겠지만, 나쁜 마음이면 얼마든지 바뀔 수 있다. 바닥에 감독관의 사인이 있다고는 하지만 그거야 얼마든지 감쪽같은 방법으로 바꿀 수 있다.

아마도 이런 사실을 품질관리 담당자가 모를 리 없겠지만 결국은 속이고 속는 콘크리트 품질관리가 되고 마는 것이다. 구조체에 강도가 부족하더라도 문제없이 잘 넘어만 가면 준공 시까지는 별다른 문제가 없겠지만, 건설물에 이상이 있어 진단이라도 할라치면 커다란 문제가 발생하게 된다. 즉 시공자는 레미콘 결함으로 강도가 안 나왔다고 클레임을 세기하고, 제조물 책임법 등을 운운하지만, 레미콘사가 납품 시 제작한 공시체의 공인시험기관에서 발행한 성적서에는 틀림없이 강도가 나와 있는 것으로 되어있으니 레미콘의 결함으로는 문제삼을 수는 없는 노릇이다. 특히 어떤 경우는 주문한 강도보다 두 배 이상 큰 경우도 있다. 그렇다면 납품된 레미콘에는 문제가 없다는 얘기인데, 결국은 시공자가 엄청나게 물을 탔다든지, 다짐을 제대로 안 했다든지 하여 결국은 시공자 책임으로 넘어가고 마는 것이다. 법원의 소송에서도 그렇게 판결된 사례는 많다.

결 언

레미콘 생산과정이나 레미콘 검사과정에서도 극히 일부의 경우는 사회현상과 어우러져 속이고 속는 것이 만연되어 있는 것이 현실이다. 사회와 동떨어져 레미콘만 정직하라고 외치기는 어려움이 있을지라도 명실상부하게 세계 1등 건설 선진국이 되기 위해서는 하루속히 원칙에 입각한 레미콘 생산 및 시험 검사가 이루어져야 할 것이다. 그렇게 함으로써 타설된 콘크리트 구조체가 쓰레기더미와 같은 부실한 구조물로 존재하는 것이 아니라 건실한 문화유산으로 천년만년 남아 있지 않겠는가?

04.
언론의 생리

서 언

어느 날 스마트폰에 모르는 번호로 전화가 걸려 왔다. 안 받을까 잠시 고민하다가 그래도 필요한 것일 수 있으니 전화를 받았다. 전화를 건 사람은 서울의 유명한 모 TV 방송사의 기자라고 한다. 레미콘 관련 인터뷰를 하겠다며 허락해 달라는 것이었다. 나는 이미 정년퇴직한 사람으로 사양하였더니, 학회의 소개로 내가 우리나라에 최고 권위자라나 뭐라나 하며 너무나 간곡히 부탁하는 바람에 어쩔 수 없이 허락하게 되었다. 인터뷰에 응한 이유는 레미콘을 잘 모르는 사람이 엉뚱한 이야기를 하게 되면 가슴 아픈 일이 될 수 있고 또한, 우리나라의 고쳐야 할 제도문제를 담당 공무원에게 얘기하는 것도 가능하겠지만, 그보다는 언론에 이야기하여 문제시될 때 더욱 쉽게 바뀔 수도 있다는 판단에서였다.

사건의 발생

어떤 사건의 경우 문제의 발단은 내부고발에서부터 발생하는 사례가 많다. 이 사건도 주변으로부터 전해 들은 바에 의하면, 레미콘사에서 근무하던 모 직원이 억울하게 퇴직하게 됨에 앙심을 품고, 2중 프린터에 관련된 문제로서, 배합보고된 혼화재 치환율보다 더 많은 양이 치환되어 건설현장에 납품되었다는 것이 문제가 되어 사법기관에 고발되었다. 당연히 사기 사건으로 레미콘 담당자가 재판에서 처벌을 받게 되었다는 그런저런 내용이 언론에 보도되었다. 그런데 그 기사 내용 중 레미콘을 받아 사용한 건설사측에서 보면 사기를 당한 것임에도 불구하고 손해배상을 청구하기는커녕 오히려 레미콘사를 처벌하지 말아 달라는 진정서를 법원에 냈다는 것이었다. 그러다 보니 '여기에 뭔가 있다'라고 하는 의심을 가지는 모 TV 기자가 사회적으로 고발하기 위한 목적으로 기획보도를 하고자 하는데, 레미콘에 대하여는 잘 모르니 나에게 자문 및 인터뷰에 응해달라는 것이었다. 그러면서 10개 정도의 질문 내용을 먼저 보내주었다.

기자와 진행한 인터뷰

약속한 날짜에 나에게 연락했던 모 TV 방송사 기자와 카메라 기사 2명과 함께 연구실을 방문하였다. 먼저 차 한잔을 권하고 인터뷰를 시작하였다. 질문 내용에 답해가면서 한 시간 이상을 진행하였다. 주로 진행한 인터뷰 내용은 혼화재를 규정보다 더 많이 치환하였는데, 문제점을 묻는 것과 관련해서는 혼화재가 무엇이고, 어떤 종류가 있으며, 어떻게 작용하고, 장단점이 무엇인지를 상세히 설명해주었다. 또한, 2중 프린터와 관련해서는 할 수밖에 없는 우리나라의 규정이며, 실상 등을 설명하고 이 문제를 해결할 수 있는 방안들을 다각도로 제시하면서 어느 한 레미콘사의 문제로만 보지 말고, 국가 제도며 시스템적으로 접근하여 풀어야만 하는 방법을 제안해주는 것이 인터뷰의 핵심이었다.

이와 유사한 상황으로 일본에서 거주할 때 TV에서 보도되는 것을 회상해 보았다. 즉 하나의 문제를 여러 전문가가 많은 시간을 할애해 가면서 충분히 검토한 다음 대안을 제시해 주던데, 우리도 그렇게 해주기를 바라는 마음이었다.

실제 방영된 내용

예정된 날짜에 방영되는 TV 내용을 보게 되었다. 놀라서 졸도할 지경이었고 이만저만 화가 나는 일이 아니었다. 내가 그렇게도 간곡히 부탁했건만 내 의견은 철저히 무시되고 레미콘사에 마치 나쁜 감정 혹은 원수진 것처럼 보도하는 것이 아닌가? 내가 인터뷰에 응했던 내용도 단, 1분도 되지 않는 분량으로 먼저 혼화재와 관련한 인터뷰 중 혼화재를 쓸 수밖에 없는 배경이며, 긍정적인 내용 등은 모두 삭제하고 중성화 촉진의 수명 단축의 문제점만이 방영되어 일반 국민은 혼화재를 쓰면 안 되는 것처럼 보도되는 것이다.

또한, 문제의 해결 방법은 제도적으로 접근해야 하는 필요성을 설명하기 위한 도입부로서 일례로 시속 80km인 도로에 대부분 100km로 달리는데, 이때 100km로 달리던 차량이 경찰 단속에 적발되면 잘못을 뉘우치기보다는 재수 없어 걸린 것처럼 생각한다는 내용으로 시작하여 국민성, 제도문제 등 다양한 방법으로 해결책을 제안하였는데, TV 방송에서는 해결책은 한마디도 언급하지 않고 도입부만 보도하고 말아버렸으니, 결국 내가 한 말은 모두가 다 그렇다고 하는 식의 이상한 의도로 비쳐서 사회 고발자처럼 우스운 사람이 되고 말았다.

언론의 생리

방송이 보도되고 난 다음 허탈감에 빠져 곰곰이 생각해 보았다. 한 시간 이상을 레미콘산업 발전에 꼭 필요한 내용을 인터뷰했건만, 결론은 언론이 최초 타깃으로 삼은 기업만을 죽이는 쪽으로, 즉 당초에 의도하고 기획된 쪽으로만 초점이 맞춰져서 내가 인터뷰한 내용 중 보도기획자의 입맛에 맞는 일부분만을 골라 보도한다는 것을?

결국, 언론사의 생리는 본인들이 의도한 대로 필요한 인터뷰만 보도하는 것이지 아무리 합리적이고 바람직한 내용이 있어도 중간에 변하기는 어렵다는 것을 알게 되었다.

나중에 전해 들은 후문이지만 그래도 다행인 것은 TV에 방영되고 난 다음 2중 프린터 문제와 관련하여 실제와 다른 혼화재 치환율로 소위 사기를 치는 행위가 많이 바뀌어져서 이제는 실제와 같아진 곳이 많아졌다고 하니 그래도 언론의 위력이 대단함을 다시 한번 실감하게 되고, 그리고 나에게는 업체 발전에 전화위복이 되어 상실감을 조금이라도 달랠 수 있어 그런대로 다행스럽게 느껴졌다.

(출처: TV조선 뉴스판, 2016.4.21)

[사진 4.7] 필자의 인터뷰 영상(본문 내용과 무관함)

05.
책임 회피

서 언

이 세상 누구라도 잘못된 일에 책임지기를 좋아하는 사람은 바보가 아닌 다음에야 아무도 없을 것이다. 그렇지만 일반적으로 잘못을 만들지 않으려고 노력하고, 잘못되었다면 즉시 시정하며, 어쩔 수 없이 이루어진 일이라면 정확히 해명하고, 사과하며, 재발을 방지하고, 올바로 되돌리려고 노력해야 하지 않을까 싶다. 잘못되는 것이 두려워 일을 하지 않거나 또한 잘못된 것을 얼렁뚱땅 넘기고 숨기려는 것은 좋은 일이 아닌데, 본 고에서는 이와 같은 몇 가지 사례를 들어 이의 시정을 기대해 본다.

뒤로 넘기기

필자가 본인의 집을 지을 때의 일이다. 사진 4.8과 같이 벽돌을 쌓는 데 규준틀도 없이 지나가는 사람이 보일 정도로 벽돌 사이에 모르타르를 채우지도 않고, 삐뚤빼뚤 쌓는 것이 아닌가! 조적공에게 "규준틀을 세우고 똑바로 좀 쌓아주세요"라고 부탁했다. 조적공 왈 "요것은 간단한 것이라 규준틀을 세울 필요가 없고, 조금 삐뚤빼뚤한 것은 미장을 하게 되면 싹 없어집니다. 다들 그렇게 합니다" 교과서에서 원칙을 배워 알고 있었지만 처음 집을 짓는 일이다 보니 그런가 보다 하고 그냥 넘어갔다.

이번에는 사진 4.9와 같이 미장공사를 하는 단계인데, 교과서에는 초벌, 재벌, 정벌의 3회 미장을 하도록 되어 있다. 그런데 미장공은 그저 삐뚤빼뚤한 것을 한 번의 미장으로 대충 끝내는 것이 아닌가! 미장공에게 "3회가 어렵다면 최소한 2회 미장으로 면을 바르게 잡아 주세요"라고 부탁했다. 미장공 왈 "굳이 여러 번 바를 필요 없고, 요것은 페인트 바르면 싹 없어집니다" 역시 집을 처음 짓는 일이다 보니 그런가 보다 하고 또 그냥 넘어갔다.

(출처: https://newsroom.posco.com/kr)

[사진 4.8] 벽돌 쌓기 사례

(출처: http://www.hotel-gongsa.com)

[사진 4.9] 미장 작업 사례

이제는 사진 4.10과 같이 페인트 작업이다. 교과서에는 바탕처리 후 초벌, 재벌, 정벌식으로 3회 도장을 하도록 되어 있는데, 역시 도장공은 1회 바름으로 끝내는 것이었다. 도장공에게 "이거 최소한 2회라도 발라 저 삐뚤빼뚤한 것을 잡아 주세요. 미장공이 말하던데, 이거 페인트 바르면 싹 없어진다고 하던데요"라고 하자 페인트공은 내게 버럭 화를 내며 소리를 친다. "원래 바탕이 그런 것을 내가 어떻게 잡느냐?"는 것이었다. 곰곰이 생각하니 페인트공의 말이 맞는 것이었다. 3회 도장을 한들 삐뚤어진 바탕을 어떻게 잡겠는가?

(출처: http://geesan.co.kr/sub03)

[사진 4.10] 도장작업 사례

결국, 조적공이 규준대를 대고 벽돌을 틈이 나지 않게 하면서 수직으로 똑바로 쌓았어야 했고, 규준대 밀기 등으로 수평·수직을 잡아가며 최소 2회라도 옳게 미장을 했어야 하는 것인데, 마지막으로 얇게 미장면에 발라주는 도장공이 삐뚤빼뚤한 면을 여러 번 도장한다고 해도 어떻게 잡겠는가? 결국은 교과서의 내용만 알고 경험하지 않아 실무의 뒤로 넘기기인 책임회피를 막지 못한 것은 필자의 잘못이 가장 큰 것이었다. 삐뚤빼뚤한 벽면을 보며 평생 교훈으로 삼을 수밖에 없는 것이 되고 말았다.

일 안 하기

모두 그런 것은 아니겠지만, 그동안 우리나라의 공무원들이 부정, 부패, 비리 등과 연루되어 처벌받는 것을 언론 보도 등을 통해 가끔 접하게 된다. 그렇다 보니 아마도 훌륭한 대책이라 판단하여 마련된 제도가 순환보직이 아닌가 싶다. 즉 한 곳에 오래 근무하다 보면 부정을 저지르고 비리에 연루되기 쉽다고 판단하는가 보다. 과연 그것은 단순 행정직과 같이 간단한 업무는 효과가 있을지 미지수지만, 고도의 전문지식을 요구하는 부서의 경우는 참으로 안타깝기 짝이 없는 행태이다.

일례로 건축·토목 등 고도의 전문지식이 요구되는 부서에 우선 행정직이라든지 전공이 다른 사람을 배치하는 경우가 있다. 그렇게 되면 우선 용어부터 이해가 안 갈 것이고, 어떤 제도를 새롭게 만들기보다는 업무를 파악하거나, 일을 배우는 데 몇 년이 지나간다. 이제 용어도 알고 일도 알만하면 타부서로 전근이란다.

그러니 부임 초기는 일을 몰라 못하고, 일을 알만할 때에는 타부서로 옮길텐데 책임질 일을 하기 두려우니 다른 사람이 부임하거든 그때 가서 하라는 식으로 책임을 떠넘긴다. 전문직이 근무하는 곳의 순환보직, 과연 국가적으로 얼마나 이익이 되는 제도일까? 구더기 무서워 장 못 담그는 것과 무엇이 다르겠는가? 이제는 사람을 믿고 능률 위주, 전문가 위주의 업무배치가 국가적으로는 더 바람직하지 않을까?

연구 안 하기

대학 등 연구기관에서도 비슷한 상황이 있다. 국가 등 외부기관에서 연구비를 받아가며 열심히 연구를 하다보면, 반드시 따르는 것이 감사를 받는 것이다. 물론 규정에 따라 성실히 돈을 집행하고, 많은 성과를 내며 열심히 연구를 진행하는 것이 기본이겠지만, 털면 먼지 안 나는 사람 어디 있느냐는 식으로 이 잡듯 조사하면 문제가 되는 것은 열심히 하는 사람들이 연구 진행 과정에서 문제가 되어 괴로워하는 모습을 자주 보게 된다.

그런데 문제는 "나는 연구 포기야"라고 하면서 연구를 안 하는 것이다. 물론 그렇게 되니 대학원생이 와서 공부하겠다고 해도 나는 안 받겠다고 한다. 지방대학의 경우 이러한 교수의 집은 대부분 서울이다. 강의시간에만 겨우 얼굴을 볼 수 있고 여타의 시간에는 볼 수도 만날 수도 없다. 이렇게 되면 학생들의 생활지도도 기대하기 어려운 상태가 된다. 분명히 채용 면접 때는 당연히 이사오겠다고 약속을 했었다. 그런데 학교측에서 이사를 오도록 요구하면 이번에는 헌법상 주거의 자유를 들며 이사오지 않는다.

이러한 상황에서 만약 학교의 상급기관으로부터 감사가 나와 연구비사용 등과 관련하여 조사를 받게 되면 그런 분들은 휘파람을 불며 룰루랄라 즐거워한다. 왜냐하면, 연구비를 받은 게 없으니까 조사를 받을 것도 문제가 될 것도 없으니 말이다. 과연 국가는 연구비를 잘 쓰는 것이 중요한가 아니면 연구 안 하는 사람을 연구하도록 하는 것이 중요한가? 가끔 제도가 거꾸로 가는 것이 아닌가 하는 의구심도 든다.

결론적으로 잘못된 것이야 책임을 지는 것이 당연한 일이겠지만 책임지는 것이 무서워 일을 안 하는 것은 국가를 좀먹는 행위일 것이다. 결국 대학교수, 공무원 등 중요한 위치에 있는 분들은 본분을 잘 지키고 국가발전을 위해 열심히 노력하는 것이 어느 때보다 필요한 때가 아닌가 싶다.

06.
깜빡 혹은 귀찮음이 일으키는 대실수

서 언

아무리 머리가 좋은 사람이라도 인간이라면 깜빡하는 실수는 있을 수 있다. 시멘트 등 분말재료를 운반하는 운전수라고 예외일 수 있을까? 또한, 어떤 그릇에 흙을 퍼 나른 다음 귀찮음으로 하여 씻지도 않은 채 그 용기에 밥을 퍼 준다면 먹을 수 있을까?

이와 비슷한 상황이 레미콘 생산에서도 발생하여 콘크리트 구조체를 철거해야만 했던 황당한 상황이 발생한 적이 있음에, 본 고에서는 이와 같은 사건에 대하여 사례를 들어 소개함으로써 재발 방지에 기여하고자 한다.

분체재료의 운반

콘크리트를 만드는 재료는 단순히 말하면 시멘트, 골재와 물이다. 그런데 최근에는 시멘트의 경우 단순히 보통 포틀랜드 시멘트(OPC)만을 사용하는 경우는 드물고 품질향상, 폐기물 재활용 및 경제성 성취와 관련하여 각종 분말상 재료를 혼합해 주게 된다. 일례로 석탄 화력발전소에서 석탄 연소 후 발생하는 부산물인 플라이애시, 용광로 속에서 철을 생산할 때 용융된

철 위에 떠 있는 암석 성분의 고로 슬래그를 미분말로 분쇄한 고로슬래그 미분말 및 콘크리트 조직의 수축작용을 보상하기 위하여 넣어주는 팽창재 등이 그것이다. 따라서 시멘트와 유사하게 미세한 분말로 이루어진 플라이애시, 고로슬래그 미분말, 팽창재 등을 혼화재료 중 혼화재라고도 하고, 가루 재료라는 의미에서 시멘트를 포함한 여러 재료를 분체재료 라고도 한다.

레미콘공장에서는 이와 같은 분체재료를 물이 닿지 않는 커다란 철제 사일로에 보관한 다음, 레미콘 생산에 이용하고, 분체재료가 소진되면 다시 공급받는데, 이때 분체재료를 운반하는 사진 4.11과 같은 트럭을 벌크 시멘트 트럭Bulk cement truck: BCT이라 한다.

[사진 4.11] 벌크 시멘트 트럭(BCT)

깜빡의 실수

우리가 일상을 살다 보면 특히 나이를 많이 먹을수록 깜빡하는 실수를 많이 한다. 그런데 일상생활에서의 깜빡하는 것에는 중요하지 않은 일도 있지만, 만약 BCT 운전사의 깜빡 실수는 엄청난 것이 될 수 있는데, 이를 잡아 줄 수 있는 시스템적 장치가 없다면 확률론에 따른 문제로서 아주 드물기는 하지만 큰 문제로도 발전할 수도 있다.

일례를 들어보자. BCT는 레미콘사에서 보유하는 경우도 있지만, 영세 레미콘사인 경우는 운송 전문회사의 BCT를 빌려 이용하기도 한다. 그런데 얼마 전 모 레미콘사에서 BCT로 OPC를 수송해준 적이 있다. 그런데 이번에 BCT에 적재된 재료는 플라이애시이다. 당연히 플라이애시 사일로에 연결하여 저장하여야 마땅하나, BCT 운전기사는 그 사실을 깜빡 잊고 전에 OPC를 운반한 적이 있으므로 OPC라고 착각하고 OPC 사일로에 플라이애시를 넣는 사고가 발생하였다. 큰 낭패가 되는 대실수이다. 이렇게 플라이애시가 OPC에 저장되어 레미콘을 생산하게 되면 사진 4.12와 같이 강도가 거의 발현되지 않아 건설 중인 건축물을 해체하고 재시공할 수밖에 없는 엄청난 손해를 보게 된다.

[사진 4.12] 플라이애시 과다 투입으로 발생한 피해 현장
(검게 보이는 곳이 과다치환된 부분)

따라서 이와 같은 경우는 깜빡하는 실수를 막기 위하여 사진 4.13과 같은 사일로에 분체재료의 이름을 적어 놓도록 하고, 투입구에 열쇠 혹은 암호를 입력해야만 열리도록 하는데, 특히 주문자의 송장 확인 혹은 주문자 주도로 분체재료 주입구가 철저히 관리되도록 함으로써 깜빡의 확률을 없애도록 해주어야만 낭패보는 실수를 막을 수 있다.

(출처: XX시멘트 회사 사일로)

[사진 4.13] 시멘트 등 분체 저장 사일로

귀찮음의 실수

위의 실수 이외에도 BCT를 보유하고 운반을 전문으로 하는 회사인 경우는 의뢰자의 요구에 따라 다양한 재료를 운반하게 된다. 제일 많이 운반하는 시멘트의 경우는 운반 전용 BCT로 관리하겠지만, 운반이 많지 않은 경우는 그때그때 이것을 운반하기도 하고, 저것을 운반하기도 한다. 그러나 이 중에서도 중요도가 적은 플라이애시를 운반했던 BCT로 고로슬래그 미분말이나 OPC를 운반하였다면 문제가 적거나 없을 수 있다. 그러나 만약 생석회나 알루미늄 분말 등을 운반했던 BCT로 대수롭지 않게 생각하거나 혹은 귀찮음으로 말미암아 완벽하게 내부를 세척하지 않은 상태에서 플라이애시, 고로 슬래그 미분말 및 시멘트를 운반하였다면 어떻게 될까? 그야말로 커다란 문제가 발생하고 만다.

사진 4.14는 생석회를 운반했던 BCT로 플라이애시를 운반한 후 레미콘을 제조·출하한 후 ○○시설 바닥 콘크리트에 타설한 다음 발생한 피해 사례로써 팽창으로 콘크리트 표면이 튀어나온 (Pop-out) 결함의 모습이다.

즉 생석회(CaO)는 석회석인 탄산칼슘($CaCO_3$)을 700℃ 이상의 고온으로 소성하여 탈탄산반응($CaCO_3$ + 고열 = CaO + CO_2↑)으로 제조된 것으로서 레미콘 제조 시 이것이 물과 함께 혼합되면{CaO + H_2O = $Ca(OH)_2$}인 수산화칼슘으로 변하면서 부피가 팽창하게 되어 Pop-out이 발생하는 것이다.

[사진 4.14] 팝아웃을 일으킨 결함 사례

문제 발생에 대한 조치로서 레미콘공장의 경우는 사일로에 담겨 있는 플라이애시 전부를 폐기처분하였고, 타설된 바닥 콘크리트의 경미한 곳은 Pop-out 부분을 지름 50mm 정도의 코어 채취기로 50mm 깊이 정도를 파낸 다음 모르타르로 보수하였고, 심각한 부분은 사진 4.15 및 4.16과 같이 바닥을 일정 단위로 커팅하여 제거한 다음 모두 재시공하였다. 잠깐의 귀찮음이 대실수로 이어져 엄청난 손해를 입게 된 사례이다.

[사진 4.15] 결함 부위 커팅

[사진 4.16] 결함 부위의 제거 현장

사진 4.17은 알루미늄 분말을 운반했던 BCT가 청소 없이 시멘트를 운반하여 레미콘을 제조한 경우이다. 알루미늄은 양성금속으로 산, 알칼리, 염에 약하여 결국 시멘트의 알칼리에 알루미늄 분말이 녹으면서 수소가스가 마감작업 후에도 계속적으로 발생하는 상황이다. 이외에도 전해 들은 이야기이지만 설탕을 운반했던 선박을 충분히 세척하지 않은 채 시멘트를 싣고 일본에 수출한 적이 있었다. 그런데 그 시멘트로 만든 콘크리트가 굳어지지 않아 수출했던 전부의 시멘트가 반품되었고, 또한 하자를 일으킨 구조

물의 손해 배상까지도 한 일이 있었다는 것을 전해 들은 바 있다.

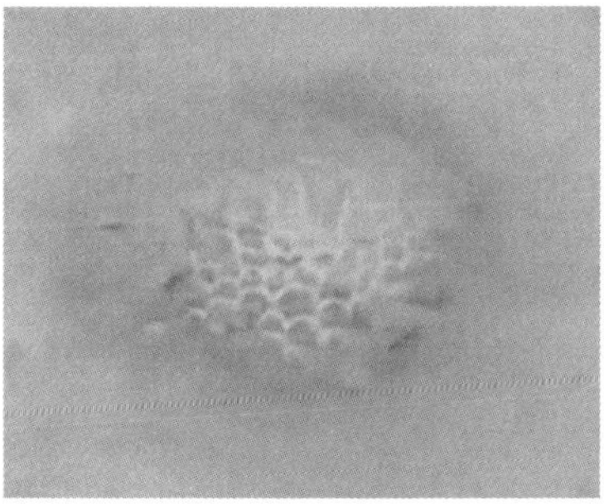

[사진 4.17] 알루미늄 분말에 의한 기포

결 언

레미콘공장의 경우 시멘트, 고로슬래그 미분말, 플라이애시 등 콘크리트용 분말 재료는 BCT로 운반하는데, 콘크리트의 유동성, 강도 및 내구성을 좌우하는 매우 중요한 재료들인 것이다. 따라서 깜빡 잘못 취급하여 다른 사일로에 서로 다른 재료가 투입되는 실수가 발생할 수 있는데, 이와 같은 실수는 시스템적으로 막도록 방법을 강구해야만 한다. 또한 각각의 재료는 전용 BCT로 운반하는 것이 기본이지만 만약 다른 재료를 운반하는 경우가 발생한다면 내부를 철저히 세척하고 건조시킨 다음 새로운 재료를 운반해야지, 그렇지 않으면 큰 낭패를 볼 수 있으므로 명심할 필요가 있다.

07.
불가사의한 건축물

서 언

불가사의(不可思議)란 한자 사전에 의하면 '사람의 생각으로는 미루어 헤아릴 수도 없다는 뜻으로, 사람의 힘이 미치지 못하고 상상(想像)조차 할 수 없는 오묘(奧妙)한 것'이라고 표현하고 있다. 거창하게는 '세계 7대 불가사의' 등으로 소개되기도 하지만 우리의 일상사에서도 이해가 잘 안 되는 경우가 발생하면 불가사의한 일이라고 한다. 예를 들어 이 정도 강도라면 건물이 무너져야 하는데, 문제 없이 지탱하고 있는 건물을 가리켜 불가사의하다고 할 수 있는데, 이러한 상황의 배경 및 대책 등에 대하여 기술해 본다.

자문에 참가

예전에는 국가적으로 중요한 건축물에 문제가 발생하게 되면 자문요청을 받아 현장을 자주 방문하여 의견을 이야기해주곤 하였다. 그러나 최근에는 코로나-19사태도 있고, 정년퇴직도 한 터라 당사자가 부담스럽게 느껴서인지 거의 자문 요청이 없다. 그런데 때마침 교수인 아들에게서 강도가 작게 나오는 학교건축물에 입회 및 자문을 요청받았다고 하면서 어떻게 하면 좋을지 물어왔다. 필자 나름대로 열과 성을 다하여 경험을 알려주고 지식적으로도 전달해 주었지만, 처음 경험하는 일이라 그런지 부담스러워

하며 동행해 줄 것을 요청하였다. 따라서 젊은 연구자이자 자식에게 경험 사항도 알려 줄 겸하여 현장을 방문하여 자문하게 되었다.

자문대상 건물의 개요 및 배경

방문한 현장은 국내 모 지역에 위치한 사립계 고등학교로써 지상 6층의 철근 콘크리트 라멘조 건축물이었다. 1968년도에 1차로 4층까지 준공하였고, 1973년 5층, 1974년 6층으로 증축된 건물로 학교시설의 내진보강을 검토하던 중 4차례에 걸친 건축물을 일부에서 코어를 채취한 후 강도시험한 결과 강도의 편차가 크고, 평균값도 10MPa가 되지 않는 매우 작은 상황이라 최종적으로 10명의 전문가가 모여 더 큰 크기의 코어를 채취하고 최종 조치를 강구하기 위한 컨설팅이었다. 나와 이들은 건축재료 전문가이고, 기타 구조 및 내진, 비파괴시험 전문가 및 담당 업무부서의 관계자들이 모였다. 진행은 먼저 담당자가 상황을 설명하고, 질의응답 후 코어 채취 입회 순으로 진행하고, 최종결과를 소견서로 작성하여 제출하는 것으로 하였다. 애써 방문한 상황이므로 질의 응답시간에 필요하다고 생각하는 다음과 같은 과거의 시공상황이며, 필요한 조치 등 판단에 대한 의견을 피력해 주었는데, 그 내용은 다음과 같았다.

불가사의한 건축물

대상 건축물을 건축할 당시인 1960년대 중후반은 아마도 대상 지역의 경우 레미콘이 보급되지 않았을 때로서 믹서 혹은 철판을 이용한 손비빔으로 콘크리트를 타설하였을 것이다. 물론 콘크리트 관련 건축공사 표준시방서는 있었지만, 당시의 수준으로는 1 : 2 : 4(시멘트 1포 : 모래 2질통 : 자갈 4질통)라는 배합으로 콘크리트를 제조하였을 것이다. 그런데 시공기술 수준의 경우 해방 이전 일본 강점기 때에는 일본인 관리자에 의해 철저히 규정을 준수하며 완벽한 시공을 수행했었겠지만, 이때만 해도 우리나라는 체계화되지 않은 상황이라 품질관리는 엉망이었다. 즉 철저하게 다짐하지 않는 상황에서 1 : 2 : 4란 전체 골재 중 모래가 차지하는 비율(잔골재율 : S/a)은 2/(2 + 4) = 1/3인 33.3%로 당시의 시공상황으로 볼 때, 너무 낮아 콘크리트에 엄청나게 많은 빈틈인 공극이 생기고 또한 경제성 성취 때문에 시멘트도 많이 넣지 않았을 것이고, 굵은골재 크기인 최대치수도 규정보다 크고, 다짐장비도 없이 인력도 많이 배치하지 않은 상황이었던 것까지 고려하면 강도가 너무 낮아 구조계산상은 무너져야만 할 정도이다.

그러나 이렇게 불량한 상황임에도 50년을 버텨온 것은 불가사의한 일이다. 물론 많은 안전율이며, 응력재분배, 비내력벽의 응력부담 등에 의해 가능한 일이겠지만, 아직 외관상은 여러 번의 균열보수, 많은 동해열화 등 내구성 저하에 땜질하여 보수함으로써 멀쩡해 보여 어떻게든 더 써보려고 노력하고 있으니 애처롭고 안타까운 일이 아닐 수 없다. 수백 명의 학생을 당장은 무너지지 않을지라도 불가사의하게 어렵게 버티고만 있는 불량 건축물에 언제까지 수용해야 할지? 무너지는 시점은 신 이외에는 아무도 모르는 일인데, 부실시공에 따른 불량 건축물을 언제까지 써야 할 것인지? 참으로 안타까울 따름이다. 세월호의 어처구니없는 사고가 연상되는 상황이고, 청주의 우암상가 화재 붕괴사고 및 삼풍백화점 붕괴 사고와 무관하지 않을 것인데, 그런데 더욱 답답한 것은 그 시대에 건설된 수없이 많은 건축물의 상황이 거의 비슷하다는 것이다.

결 언

이상에서 살펴본 바와 같이 10MPa도 안 되는 과도기의 불량 건축물에 내진보강은 아마도 의미 없는 일일 것이다. 특히 발전 과도기에 혼자 서 있기도 힘들 정도로 불가사의한 불량 건축물은 어찌할 방법이 없으니 신기한 듯 바라볼 것도 아니고, 미련을 떨고 버틸 것만은 아니니 자금 마련 등 여건만 되면 하루속히 해체하고 재시공하는 것이 바람직한 방법일 것으로 생각된다.

08.

건물에 기초가 없으면 어떤 등급

서 언

필자가 살고 있는 인근 도시 교육청에서 내진 자문위원을 위촉받은 적이 있다. 필자는 내진과 관련하여서는 전문가가 아니라 자문을 해 줄 것이 없다고 사양하였지만, 내진 문제만이 아닌 건축재료 분야도 포함되므로 그 분야를 자문해 달라는 것이었다. 내진 이외에 재료 문제라면 그건 할 수 있으니 자문위원을 승낙하고, 위촉장을 받은 다음 자문위원회의 회의에 참석하게 되었다.

내진보강 심의

여러 번의 심의에 참석한 것은 아니지만 심의위원회는 대부분 구조전문가가 중심이 되고, 재료 및 시공 관련자 1 ~ 2명, 교육청 시설과장 및 담당 공무원으로 구성된다. 위원회 위원장은 교육청 시설과장이 되고, 심의 대상 학교는 대략 2곳 정도인데, 진단 전문업체가 수주한 후 대상 건축물에 대하여 실태조사한 내용과 내진해석 후 내진보강 계획을 발표하는데, 발표자는 대부분 구조기술사 혹은 구조전문가가 발표하게 된다.

그런데 이런 심의가 있을 경우 자주 있는 일이지만 대상 건축물이 40 ~

50년 혹은 그 이상된 건축물로서 진단과정에서는 강도도 물론 중요하지만 내구성 요인이 무엇보다 중요한데 전혀 안 하는 것은 아니지만 내구성 문제가 부실하게 된 경우가 대부분이다. 그럴 때면 언제나 전공을 살려 충분한 내구성 조사를 주문하게 된다. 즉 중부 내륙 도시의 경우 내구성 항목 중 알칼리골재반응이나 화학적 부식 등은 크게 관계가 없을 터이지만 염해, 중성화에 의한 철근 부식이 중요하고, 특히 지면과 접하는 부분의 동결융해 작용과 관련한 동해 피해는 매우 중요한 사항이 된다. 지붕의 빗물이 기둥 옆의 선홈통으로 내려와 지면에 접하는 기둥에 물이 공급되면서 겨울철 추운 날씨에 밤에는 얼고 낮에는 녹는 동결융해작용이 반복됨에도 불구하고, 1986년 이전에는 KS F 4009(레디믹스트 콘크리트)에 AE제에 의한 공기량 확보를 규정하고 있지 않았으므로 동해 피해가 발생할 수 있다. 이전의 진단 및 자문의 사례에서도 기둥이 동해 피해를 받아 붕괴되어 주저앉고 있음에도 땅속에 있는 관계로 발견하지 못했던 사례도 있었기 때문이다.

심의 과정에서 50년 정도된 모 학교의 경우 진단 및 내진보강 계획이 적절치 못함이 구조 전문 심의위원에게 지적되어 심도 있는 재조사 및 검토 후 재심의가 의결되었다. 따라서 필자의 경우는 여러 개의 기둥 중 하나라도 파보고 동해 피해 여부 및 기초상황의 내용을 보충할 것을 요구하였다. 몇 주일이 경과한 후 재심의가 개최되었다. 역시 동일한 심의위원으로 구성된 내진대책 심의위원회에서 이전에 지적받은 상황에 대하여 먼저 보고하게 되었는데, 다행히 기둥 하부의 땅에 접한 부분에서는 동해, 염해, 중성화 등 내구성 피해는 없는 것으로 보고되었다. 그러나 위원회에 새로운 사항이 보고되어 깜짝 놀라지 않을 수 없었다.

내용인즉, 기둥의 하부를 파보니 당연히 있어야 할 기초판이 없다는 것이었다. 즉 기둥 밑 땅에 접하는 곳에 넓은 형상의 기초판을 시공하고 그 위에 기둥을 세워야 하는 것인데, 기초판이 없이 기둥만 서 있는 것이다. 물론 설계도면에는 기초판이 그려져 있다. 그러나 시공에 참여한 시공자가 경비절감, 공기단축 등 당시의 상황에 따라 기초판을 시공하지 않았던 것이다. 아마도 그 건물 하나만의 문제는 아니다. 필자의 경험으로는 그 당시

대다수의 소규모 건축물인 경우는 기초판이 없다. 땅에 묻혀 보이지 않으니 얼렁뚱땅 넘어가면 그만인 것이었다. 1984년도에 필자가 지어 지금 살고 있는 조적조 주택도 역시 기초판이 없다. 건설 당시 학교를 다녀오고 나서 확인해보니 기초판 없이 이미 기초벽 공사를 완료하고 난 다음이었으므로 손 쓸 수가 없었다. 그리고 왜 그렇게 했냐고 시공자에게 물었더니 다 그렇게 한다는 것이었다. 그나마 우리 집은 단단한 화강암 풍화토 지반이었으므로 지내력에 문제가 없어 다행이긴 하지만?

등급 판정

심의위원회에서, 구조기술사 자격을 갖추고 보고하는 진단자는 난감해하고 있었다. 진단조사를 완료하고 나면 A, B, C, D, E로 등급을 정하는데, A는 건전한 상태에서부터 E는 위험한 상태까지 5단계로 나누는데, 어느 등급에도 기초판이 없는 경우는 없다는 것이었다. 이 규정을 운영하는 한국시설안전공단(현 국토안전관리원)에까지 전화를 걸어 물어보았다고 한다. 시설안전공단 담당자는 '모른다'라고 대답했다고 보고한다.

그러면 지금 이 시점에서라도 기초판을 만들어 넣어주면 되지 않겠는가? 물론 못하는 것은 아니다. 그러나 지금 서 있는 학교 건물의 모든 기둥에 기초판을 보수·보강한다고 치면 거의 건물의 신축 공사비만큼 비용이 든다. 과연 할 수 있겠는가?

한참 동안 적막이 흐르면서 아무도 말문을 열지 않고 있는 상황이었다. 따라서 조용히 손을 들고 필자의 의견을 피력할 기회를 얻어 자문위원장 이하 모두에게 필자의 견해를 설명해 주었다. 현 대상 건물은 50년 이상 지나 많이 낡았고, 기초판을 보강해주는 것은 거의 신축 공사비만큼 드는 일인데, A ~ E의 등급은 기본적으로 기초판도 잘 있고 모든 건축물이 이상이 없는 상태에서 등급을 매기는 것인데, 기초판이 없다는 것은 등급을 매기기 이전 건축물의 기본이 안 되는 상황이니 E등급 이하로 봐야 한다. 기초판이 없는 상태에서 내진보강은 의미가 없는 것이다. 일례로 눈이 온 땅에 스키를 신고 서 있으면 괜찮겠지만 발도 없이 목발로 서 있다면 쑥 들어가는 침하가 발생할텐데 대상 건축물이 그러한 상황이다 보니 결국 헐고 재건축하는 것이 좋을 것 같다고 의견을 피력하였다. 필자의 소견 이후 아무도 이견을 달지 않았다.

당시 위원장이었던 시설과장은 필자의 자문에 대하여 명쾌하고, 시원하며, 오히려 좋다고 하였다. 결국 대상 건축물은 내진보강 없이 재건축하는 것으로 최종 결론이 내려졌다.

(출처: https://blog.naver.com/kyun2e/222215364522)

[사진 4.18] 내진 보강 사례

09.

장막벽 균열

서 언

사무실이나 학교건물인 경우 기본 골조는 철근 콘크리트의 기둥과 보로 이루어지고 칸을 나누기 위하여 기둥과 보 사이에 벽돌, 블록 등을 쌓은 다음 시멘트 모르타르로 미장하고 페인트칠하는 등으로 마감하여 벽을 만드는데, 이 벽은 힘을 받지 않는 벽으로 영어로는 커튼월Curtain wall, 우리말로는 장막벽 혹은 비내력벽이라 한다. 그런데 이와 같은 장막벽은 기둥과 보의 철근 콘크리트와는 다른 재료로서 온도변화, 건조수축 등의 원인으로 어느 정도 시간이 경과하면 사진 4.19와 같이 기둥과 벽의 경계면이나 보와 벽의 경계면에 균열이 발생하는데 이와 같은 균열을 장막벽 균열이라 한다. 이와 같은 장막벽에는 균열이 발생하더라도 구조체 균열이 아니므로 일반적으로 무시한다.

그러나 일반적으로 무시해도 좋은 경우가 대부분이긴 하지만 무시하면 안 되는 경우도 있는데, 이를 무시함으로써 발생할 수 있는 위험한 상황에 대하여 소개해 보고자 한다.

(출처: http://news.kmib.co.kr/article)

[사진 4.19] 장막벽 균열

장막벽 균열의 기본

장막벽 시공은 골조에 해당하는 철근 콘크리트 기둥과 보 및 슬래브의 공사를 먼저 진행하고 어느 정도 시간차를 둔 다음, 마감공사 이전에 실시한다. 그렇지만 강성이 강한 철근 콘크리트에 비해 모르타르 재질의 벽돌이나 블록은 강성도 약하고, 또한 건조수축도 크기 때문에 언제나 균열이 발생할 수밖에 없다.

따라서 균열이 보이지 않도록 보에서 벽을 들어가게 쌓아 보이지 않게 하거나 혹은 시공 시에 홈을 파두고 마무리 시점에 점성과 탄성을 갖춘 코킹재로 채워주기도 한다. 그렇지 않은 경우는 사진 4.20과 같이 마무리 페인트 도장 시점에 퍼티 먹임이라는 균열 때움을 해주고 페인트를 칠하면 균열이 없어지는데, 추가로 발생하는 균열은 3 ~ 5년 주기로 페인트 도장할 때 역시 퍼티 먹임을 하고 재도장하면 균열이 없어져 보이는 것이 일반적이다.

[사진 4.20] 페인트 도장 전 건축물의 퍼티 먹임 현장

안전하지 않은 장막벽 균열

일반적으로 40~50년된 건축물을 진단하게 되면 건물이 많이 낡았음에도 불구하고 아이로니컬하게 균열이 거의 없고, 멀쩡하게 보이는 경우가 많다. 즉 구조체에 하중이 작용하게 되면 초기에는 건조수축뿐만 아니라 지속적으로 작용하는 하중 때문에 나타나는 크리프Creep 변형이 그림 4.1의 ①과 같이 초기에는 많이 발생하지만 점점 줄어 안정화되면 변화가 없이 일정하게 된다.

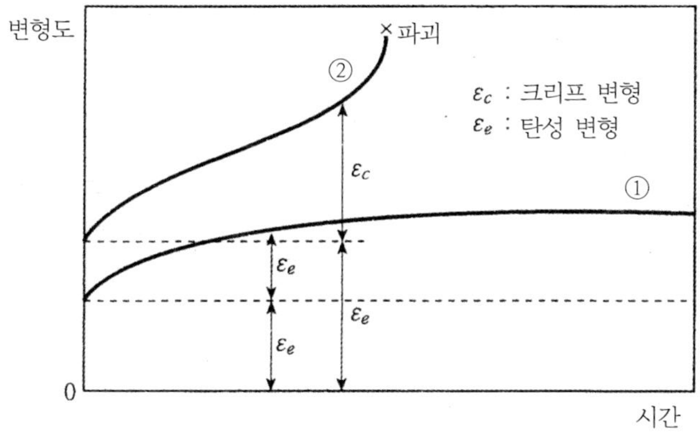

[그림 4.1] 콘크리트의 크리프

따라서 정상적인 구조물이라면 발생된 모든 장막벽 균열은 감춰져서 보이지 않게 되고, 관리되지 않았던 숨은 균열 및 문제가 되는 구조체에만 균열이 관찰되는 것이 일반적이다. 그런데 몇 번의 진단 자문을 하는 경우에서 안전하지 않은 장막벽 균열을 무시한 사례가 있어 그것을 소개해 보고자 한다.

먼저, 국가적으로 중요한 자료를 보관하는 서울의 모 시설물이었다. 건설연도가 40년 정도되었는데, 기둥, 보와 연결된 장막벽에서 오래되지 않은 많은 균열(오래된 것은 균열 내부에 먼지가 끼어 검게 나타나는 데 비해 오래되지 않은 균열은 깨끗함)이 발견되었다. 그런데 진단을 진행하는 업체에서는 비내력벽인 장막벽에서의 균열로 크게 문제가 없는 것으로 보고하는 것이었다. 상황 설명을 마치고 현장을 둘러보는 시간이 되어 진단자의 안내로 건물을 돌아보게 되었다. 그 순간 나는 깜짝 놀랐다. 1층 지면에 접하는 기둥이 눈을 녹이게 하는 염화칼슘에 기인하는 염해 및 눈 녹은 물의 침입에 의한 동결융해작용의 복합으로 기둥이 붕괴되어 주저앉고 있는 것이 아닌가? 기둥이 부러져서 힘을 받을 수 없는 상황이 발생하니 결국 힘이 장막벽 부분으로 전달되는 현상으로 응력 재분배가 발생하여 장막벽에 많은 균열이 발생하고 있는 것이었다. 이것을 보고 현상을 지적하며 건물 붕괴 조짐으로 엄청나게 위험한 상황이니 신속한 조치를 당부함으로써 위험을 모면한 적이 있었다.

유사한 사례는 이외에도 몇 건이 더 있었지만, 대표적으로 한 건만 더 소개하면 경기도의 학교건물에서였다. 역시 50년 이상 경과한 건물로서 콘크리트 강도는 5MPa 전후로 매우 작은데, 외관은 멀쩡하며 그저 장막벽 균열이 일부 발생된 정도였다. 콘크리트의 내구성으로 콘크리트 중의 알칼리성이 대기 중 탄산가스에 의한 중성화로 철근 위치 이상까지 진행되어 수명은 이미 끝난 상태이나 외관상 철근 부식의 문제점은 없었다. 또한 겨울철 추운 날씨에 영향을 받는 동해 피해가 일부 있기는 하였지만, 전체적인 외관은 멀쩡한 상태였다. 진단자는 규정에 따를 경우 E등급 판정(안전위험 즉시 대피 등 조치)을 내릴 수밖에 없었는데, 장막벽 균열 정도만 있을까 외관상 멀쩡하므로 고민이 되어 자문을 의뢰한 것이었다. 이는 그림 4.1의 ②와 같은 상황, 즉 기둥의 강도가 약해 붕괴되는 거동으로 장막벽으로 응력 재분배가 일어나면서 균열이 발생한 것임을 설명하고 필요한 안전조치를 신속히 취하고 궁극적으로는 재건축하도록 하는 내용의 자문을 해준 바 있다.

결 언

결론적으로 철근 콘크리트의 기둥·보로 연결된 벽을 벽돌 등으로 칸막이를 만든 장막벽은 이질재의 접합부로서 건조수축, 온도변화, 응력작용 등으로 균열이 발생할 수 있다. 따라서 균열에 대응토록 하는 설계 및 시공이 필요하고, 발생된 균열은 시공 중 또는 시용 중 페인트 도장으로 감춰져서 보이지 않게 하는 것이 일반적이다. 그러나 수십 년 경과한 건축물에서 갑자기 장막벽 균열이 발생하는 경우는 기둥의 항복상태나 붕괴 등 위험한 상황일 수 있으므로 이때는 비내력벽 균열로 간주하여 간과해서는 절대로 안 되는 상황임에 진단 관련 전문가들은 유념해 주길 바라는 바이다.

10.
진단전문가의 안전에 대한 대처

서 언

1995년 6월 29일 오후 5시 57분 서울 서초구 서초동에 있는 사진 4.21과 같이 삼풍백화점이 붕괴하는 대참사가 일어났다. 건물이 무너지면서 500명 이상의 사망자를 포함하여, 1,445명의 종업원과 고객들이 부상, 행방불명 등의 피해를 입었고, 수천억의 재산 피해도 있었다.

붕괴 원인에 관하여는 언론에서 누차 보도된 바 있지만, 간단히 요약하

(출처: https://m.post.naver.com/viewer)

[사진 4.21] 삼풍백화점의 붕괴된 모습

면 부실설계, 부실시공과 아울러 무리한 용도 및 구조변경과 무리한 운용 등 부실한 유지관리가 지적되었다. 백화점과 같은 중요한 건축물의 경우 설계, 시공, 유지관리 등 모든 면에서 철저히 관리되어야 하겠지만, 본 고에서는 특히 붕괴 직전의 전조증상 등을 소개하여 유지관리 측면의 진단과정에서 올바른 판단과 대처에 대하여 삼풍백화점의 사례와 필사의 경험을 토대로 소개해 본다.

붕괴 예측

일반적으로 재료 및 구조 분야의 진단전문가라고 하는 사람인 경우, 나이가 많은 사람이건 적은 사람이건 간에 직접 붕괴 상황을 경험해본 경우는 그리 많지 않다. 그러다 보니 아무리 전문가라고 해도 붕괴 모드를 감지하고 영업을 중단한 후 인명안전을 위해 즉시 대피시키고, 구조물에 긴급 안전조치를 취하기란 여간 어려운 일이 아니다. 머뭇머뭇하는 사이에 건물은 붕괴될 수도 있는 것이다. 삼풍백화점이 그러했다.

당시의 여러 언론 보도에 의하면 붕괴 이전에 균열, 침하, 누수, 단전, 항복 음향 등 전조증상의 조짐이 있었으므로 붕괴 당일 4시에 설계자, 구조기술사 등 전문가와 경영자가 함께 모여 긴급 대책회의가 있었다. 이 자리에서 건축사는 "점검 결과 건물안전에 중대한 이상이 발견되었으니 빨리 긴급보수를 해야 한다."라고 말하며 "백화점 영업을 중지하고 고객들을 대피시켜라."라고 경영진에게 권고한 반면 구조기술사는 "신공법으로 보수하면 위기를 넘길 수 있다. 진행되던 침하는 현재 멈췄다."라고 경영진에게 보고했다고 한다. 결국 붕괴 직전까지 와서도 구조기술사는 붕괴 모드를 모르고 오판한 결과가 엄청난 재앙을 불러오게 된 것이다.

그렇다면 붕괴 직전에 와서야 대처를 하는 것이 적절한 조치인가? 어떤 일에 익숙해지기 전에는 겁쟁이였던 것이 익숙해지면 겁이 없어지는 것이 일반적이다. 필자의 경우도 군 공병 장교 시절 사진 4.22와 같은 폭파를 지휘했던 적이 있었다. 처음에는 안전교범의 원칙대로 발파지점에서 500m

이상 떨어진 곳으로 대피하던 것이, 수십 차례 폭파를 진행하다 보니 겁이 없어지고 대피 거리도 점점 가까워져 나중에는 발파되는 곳의 옆에 있는 바위 뒤에 숨는 모습까지 보였다. 이러다가 큰 안전사고가 나겠구나 하는 위험한 상황을 경험한 적이 있다.

일반적으로 철근이 포함되어 있지 않은 무근 콘크리트는 강도시험을 할 경우 취성적 특성을 나타내어 항복 후 바로 파괴되지만, 철근 콘크리트의 경우는 어느 단계에 가면 항복상태 이후에도 변형이 진행되는데, 균열이 생기고, 피복 콘크리트가 벗겨지고, 철근의 부착이 떨어지고, 철근이 늘어나거나 혹은 끊어지고 하는 과정에 '탁, 탁'하는 소리라든가 '뚝, 뚝'하면서 변형 또는 파괴되는 모습을 보인다. 역시 구조물도 이와 같은 징조일 경우에는 붕괴되어 가는 위험한 상황이므로 재빠른 안전조치를 취해야만 한다.

(출처: https://www.loveinlaos.com/bbs)

[사진 4.22] 폭파 모습

또 하나의 일례로 30년도 더 지난 이야기이지만 필자가 전임강사로 청주대학교에 부임하고 몇 년 안 된 초보 시절의 일이다. 청주의 중심가에 지하상가를 건설한 바 있는데(사진 4.23), 연약지반에 위태롭게 서 있는 도로변 상가의 경우 당연히 엄청난 피해가 발생하였다. 이때 안전진단의 책임은 인근 대학교 토목공학과 모 교수가 맡았고, 필자의 경우는 연구원으로 참여하게 되었다. 당시의 진단 대상 건축물은 해방 이후 과도기에 지어진 건물로 너무나 엉망이었는데, 일례로 기초구조의 경우 기초판도 없는 기초가 많이 있었고, 동결심도도 지켜지지 않았으며, 전면도로쪽은 기둥과 보로 이루어진 라멘구조 형태이지만, 뒷벽은 시멘트 벽돌을 쌓아 지어진 조적조로 교과서에도 없는 희한한 구조였었다. 인근에 무심천이라고 하는 하천이 있다 보니 지반은 연약지반임에도 별다른 보강이 없었으니 소위 눈만 흘겨도 피해를 입을 정도로서 아무리 조심하여 지하도 및 상가 공사를 한다고 해도 피해는 막심할 수밖에 없었다.

(출처: https://m.blog.naver.com)

[사진 4.23] 지하도 옆 상가 건물들의 모습

대표적인 한 건물의 경우 위에 언급한 안 좋은 모든 상황을 갖추고 있었는데, 뒷벽 조적조에 엄청난 수평균열이 발생하여 비전문가가 한눈에 봐도 위태로워 보였다. 건물 용도는 식당이었는데, 식당의 한 조리사는 '뚝, 뚝' 건물에서 소리가 나서 신변에 위험을 느끼고 식당일을 그만둔 상태였다. 상황이 심각한 것을 느끼지 못한 것은 아니지만 경험이 없어 그런대로 내버려 두고 다른 건물의 진단을 진행하였다. 진단이 마무리될 무렵 아무래

도 미심쩍은 부분이 있어 연구책임자인 교수님의 판단으로 서울 소재 대학의 구조 분야에 대가인 원로 교수를 모셔서 자문을 받기로 하였다. 구조전문가이신 원로 교수께 현장의 전체적인 상황설명 후 이곳, 저곳을 안내하며 진단과정을 자문받았는데, 가장 심각한 식당 현장도 보여드렸다. 현장을 본 순간 원로 교수는 갑자기 고함을 치며 "집 무너진다."라고 하며 "빨리 건물에 거주하는 사람들을 대피시키고 잭 서포터로 이곳을 빨리 받쳐라"라고 하는 것이다.

만약에 원로 교수께 자문을 받지 않고 무리하게 안전진단을 계속하였다면 아마도 그 건물은 진단과정에서 붕괴되었을 것이고, 그렇게 되면 커다란 인명피해로 세상을 떠들썩하게 만들었을 것이며, 진단에 참여한 필자 또한 교도소 신세를 면치 못하였을 것이다. 지금도 그때의 일을 생각만 해도 등골이 오싹함을 느끼게 된다.

결 언

결론적으로 건물이 붕괴될 때에는 여러 전조증상들이 있다. 갑자기 균열이 생기고 '뚝, 딱' 등의 소리가 나는데, 이 경우는 크리프 변형 중 파괴모드에 해당하는 것이므로 미련 떨거나 오판하지 말고 빠른 인명 대피와 구조체에 대한 안전조치를 취해야 하는 시기임을 진단전문가는 명심해야 할 것이다. 특히 건축주는 하루 하루의 영업이 돈이다 보니 위험한 상황이 되어도 무리를 하려고 하는 것이 기본임에 진단전문가는 건축주에게 좀 겁쟁이가 되고, 냉정하고, 매정하게 느껴질지라도 빠른 판단에 강력한 조치만이 살길이 된다는 것을 명심하길 바란다.

11.

헛손질 하지 마라

서 언

곤충인 파리가 공중을 날아가는데 이걸 잡겠다고 손을 휘둘렀지만 잡지 못하게 되면 헛손질하였다고 한다. 이와 유사한 용어로 헛걸음, 헛기침, 헛고생, 헛다리, 헛맹세, 헛물, 헛바람, 헛발질, 헛소리, 헛소문, 헛살다, 헛수고, 헛웃음, 헛일, 헛장담, 헛점, 헛푸념 등이 있는데, '헛'이란 명사의 앞에 붙여주는 접두어로 '이유 없는', '보람 없는'의 뜻을 더할 때 쓰이는 단어이다.

그런데 건설물의 보수·보강 과정에서도 이와 유사하게 안 해도 되는 혹은 잘못하여 문제가 되는 탄소섬유 보강공법을 소개해 보고자 한다.

탄소섬유 보강공사

철근콘크리트 구조물을 안전진단하다 보면 설계 및 시공 실수, 화재 및 내구성 저하 등으로 보나 슬래브의 내력이 부족하여 보강해 줄 필요가 있는 곳이 존재한다. 이때의 보수·보강과 관련한 재료 및 공법으로는 다양한 것이 있겠지만, 실무에서는 강력하고 간단하다는 인식으로 탄소섬유를 에폭시수지로 부착하는 탄소섬유 보강공법이 많이 채택된다.

탄소섬유는 신소재라고 할 만큼 가벼우면서도 매우 큰 강도를 발휘한다. 탄소섬유는 낚시대, 골프채 등에 이용되고, 최근 연구로는 철근 대용으로 검토될 만큼 강력하다. 물론 에폭시수지 역시 주재와 경화제를 혼합해 주어야 굳어지는 2액형의 열경화성 수지로써 철을 접착하거나 유리를 접착할 만큼 강력한 접착력을 나타낸다. 일례로 필자의 종전 연구에서 유리판 위에 에폭시수지 시험체를 만들기 위해 셀로판지를 깔고 작업하였는데, 일부에서 에폭시수지가 셀로판지 사이로 유리판에 새어 굳어지게 되었다. 이때 에폭시수지판에 유리가 딱 달라붙어 절대로 떨어지지 않았다. 따라서 유리판을 깨뜨린 다음 카터 날을 대고 경계면을 망치로 내려쳤는데, 유리와 에폭시 접촉면은 떨어지지 않고 유리가 쪼개질 정도로 접착력은 매우 강했다. 그렇다면 강한 탄소섬유를 강한 에폭시수지로 붙이게 되면 당연히 강력한 보강재로 작용할 것임은 틀림이 없는 사실이다. 그런데 탄소섬유 보강공사를 실시하고 난 후 최소한 몇 개월만은 그럴 수 있다.

그렇다면 보강된 구조물은 몇 개월만 활용하기 위함인가? 아니다. 수십 년 혹은 수백 년까지도 건전하게 쓰기 위하여 보강공사를 하는 것인데, 그렇지 않은 것이라면 문제인 것이다. 즉 겉으로는 멀쩡해 보여도 사진 4.24, 4.25와 같이 자연환경에서 어느 정도 시간이 지나면 저절로 떨어져버리는 것인데, 보수·보강한 것이 저절로 떨어진다면 이것이야말로 안 해도 되는 것을 한 것이거나 전혀 보강이 되지 못하고 그야말로 헛손질한 것이다.

[사진 4.24] 박리된 탄소섬유에 길이측정용 자가 삽입된 경우

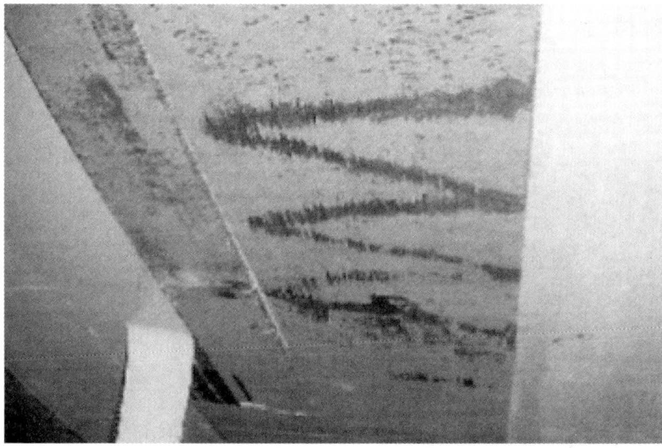

[사진 4.25] 작은 힘으로도 찢어지며 벗겨지는 탄소섬유

섬유 보강재의 박리 원인

그렇다면 그렇게 강력한 탄소섬유를 에폭시수지로 붙였건만 시간이 흐름에 따라 왜 탄소섬유가 박리되었는가? 문제는 에폭시수지의 선팽창계수에 문제가 있다. 이전 <움직일 수 있게>에서도 언급하였지만 모든 재료는 온도변화에 따라 늘어나기도 하고 줄어들기도 하는데, 이때 온도 1℃ 변화에 늘어나거나 줄어드는 정도를 선팽창계수라 한다.

표 4.1 및 그림 4.2는 바탕재인 시멘트 모르타르, 콘크리트와 접착재인 에폭시수지, 폴리머 모르타르 및 보강재인 강판, 탄소섬유의 선팽창계수를 나타낸 것이다. 바탕재인 콘크리트 혹은 모르타르는 대략 10×10^{-6}/℃ 정도이다. 10m인 철근콘크리트 보가 온도 20℃에서 30℃로 변한다면 10,000mm + $(10{,}000 \times 10 \times 10^{-6} \times 10)$ = 10,001mm로서 결국 10m인 보가 1mm 늘어나는 것인데 비해, 이것이 만약 에폭시수지라면 대략 5mm가 늘어나 결국 5배 더 크게 늘어나는 결과이다(반대로 탄소섬유는 줄어 듦). 온도 차가 크면 클수록 이와 같은 차이는 더 커지게 되며, 또한 일일간의 온도변화로 이런 변화를 수개월 반복하게 되면 결국은 선팽창계수 차이로 탄소섬유로 보강된 시트는 저절로 떨어지게 되는 것이다. 그림 4.3은 보에 에폭시수지로

탄소섬유를 붙이고 내부에 스트레인 게이지라고 하는 변위측정계를 넣어 변형을 측정한 결과이다.

[표 4.1] 에폭시수지계 보강재의 선팽창계수

시멘트 모르타르		콘크리트		에폭시 수지 및 보강재	
기호	선팽창계수 ($\times 10^{-6}$/℃)	기호	선팽창계수 ($\times 10^{-6}$/℃)	기호	선팽창계수 ($\times 10^{-6}$/℃)
2-12	10.5	50-8	8.9	EA	50.9
2-15	11.3	50-15	8.7	EB	41.9
2-18	11.1	50-21	9.0	EC	53.3
3-12	11.4	60-8	9.3	PA	0.4
3-15	11.7	60-15	9.0	PB	0.7
3-18	11.9	60-21	9.4	PC	-0.5
4-12	12.0	70-8	9.9	St	11.9
4-15	12.4	70-15	10.2	Ca	-1.7
4-18	12.2	70-21	10.7		

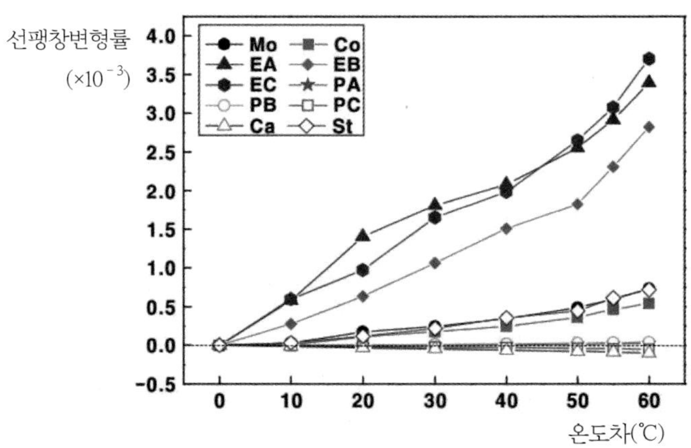

[그림 4.2] 각 재료별 온도변화에 따른 선팽창변형량 비교

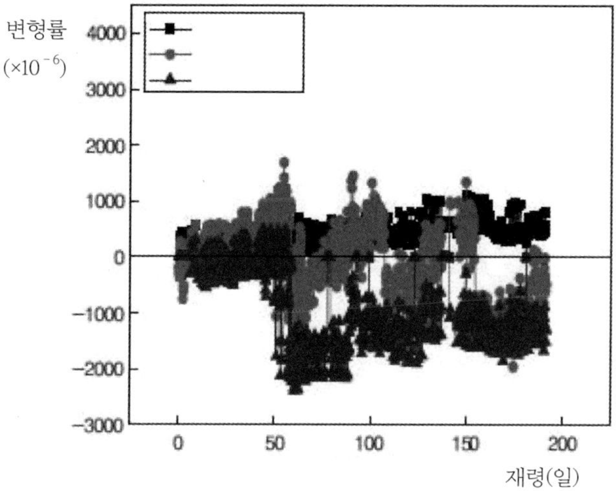

[그림 4.3] 시간 경과에 따른 변형률

처음 수십일 간은 콘크리트와 탄소섬유가 같이 거동하여 잘 붙어 있지만, 수십일이 지난 후부터는 콘크리트와 탄소섬유가 서로 다르게 거동한다. 따라서 이 시점부터 보강된 탄소섬유는 떨어진 것이다.

이와 같은 것을 잘 알 수 있는 것으로, 2액형인 에폭시수지를 혼합한 용기에 에폭시수지 경화물이 묻어 있다면 이는 아무리 애를 써도 떨어지지 않는다. 그렇지만 이와 같은 용기를 건조로에 넣고 열을 가해 온도를 높였다가 꺼내어 식혀주면 그토록 단단하게 붙어 있던 에폭시수지 경화물이 감쪽같이 스스로 떨어지는 것만 보아도 알 수 있는 일이다. 기타의 경우로서 합성수지계 아스타일이란 바닥 타일을 겨울에 붙여주고 여름쯤 되면 바탕 콘크리트보다 아스타일이 크게 팽창하여 접착면이 서로 밀면서 들뜨는 현상을 보게 되는데, 이 또한 선팽창계수 차이에서 발생하는 문제인 것이다.

기타의 사례

이와 같은 현상이 탄소섬유 보강공법에만 있는 것은 아니다. 유사한 원리로 에폭시수지로 부착하는 강판보강도 마찬가지이다. 강판은 문제가 없겠지만 역시 이를 부착시킨 에폭시수지에서 선팽창계수 문제로 박리하게 되므로 이 공법 역시도 헛손질한 사례이다. 보수·보강방법으로 열화된 콘크리트 바탕에 폴리머 시멘트 모르타르로 미장하여 보수하는 것도 경우에 따라서는 마찬가지가 될 수 있다. 오랜 시간이 경과하면 균열이 쉽게 가고 보수·보강한 모르타르가 박리하는 문제가 발생할 수도 있으므로 이 또한 충분히 검토할 필요가 있다.

결국 일본 등 선진국에서는 탄소섬유 보강을 말뚝이나 기둥 보강에 한정하여 빙글빙글 감아주어 폐쇄구조일 때만 이용하고 폐쇄되지 않은 보나 슬래브는 절대로 이용하지 않는 것도 그와 같은 선팽창계수 차이에 따른 활용임을 이해해야 할 것이다. 또한, 최근에는 탄소섬유를 붙이는 것이 박리되는 문제가 있어 콘크리트에 홈을 파고 탄소봉을 끼워 넣어 붙여 보강하는 방법도 보고되고 있는데, 대책 없이 붙이는 것보다는 좋을 수 있겠지만 과연 선팽창계수의 문제가 해결될지는 의문이다.

결 언

이상에서 설명한 바와 같이 우리나라에서 보 및 슬래브의 보수·보강 방법 중 에폭시수지로 탄소섬유를 붙이는 탄소섬유 보강공법은 결국 하지 않아도 되는 무의미한 곳에 붙이는 헛손질하는 것이거나 혹은 아무런 보강도 되지 않아 안전에 문제가 그대로 남아 있는 위험한 일이 되는 것이다. 따라서 선팽창계수를 무시하고 헛손질하듯이 지금도 계속 진행되고 있는 탄소섬유 보강공법, 강판보강공법 등 이와 유사한 방법들은 하루속히 문제점을 인식하고 시정되어야 하는 것들이다.

12.

헛손질의 대안

서 언

건설물의 보수·보강으로 탄소섬유 부착공법, 강판 부착공법의 경우는 에폭시수지와 콘크리트 간의 선팽창계수 차이 때문에 시간이 지나면 자동적으로 박리되어 안 해도 되는 것을 했거나 보강 효과를 거의 내지 못하는 위험한 상황으로 헛손질하는 것과 같다고 앞서 언급했다. 그렇다면 이 경우에 늘 받는 질문으로 '대안이 뭐냐?'라고 하는 것이었다. 따라서 본 고에서는 헛손질의 대안에 대하여 생각해 보고자 한다. 단, 대안은 무수히 많은 방법이 있을 수 있고, 또한 앞으로도 얼마든지 새로운 기술 개발이 가능하지만 비교적 저렴하고 안전한 방법으로 고려 ENC에서 구조보강 공법으로 개발된 볼트 텐션 기술**Bolt tension technology**에 대하여 소개해 보도록 한다.

기둥 보강

건물에서 기둥은 슬래브 및 보의 하중을 받쳐주는 부재인데, 특히 최하부층의 기둥은 상층부의 기둥에서 내려오는 모든 하중을 받아 기초에 전달해 주는 매우 중요한 부재이다. 따라서 기둥은 보나 슬래브보다 더 큰 강성을 요구하기 때문에 크기도 크고, 경우에 따라서는 강도도 크게 되도록 설계한다. 그러나 만약 화재 피해를 입어 약해졌거나 구조계산을 해보니 기둥이 받을 수 있는 능력(내력)이 부족한 경우가 발생한다면 보강을 해주어야만 한다.

이때 보강공법으로는 철근콘크리트 단면증설 공법, 형강보강, 강판 및 탄소섬유 보강 등 많은 공법이 있을 수 있다. 그런데 이중 단면증설, 형강보강 등은 기둥의 크기를 크게 만들어 유효공간이 줄어드는 문제가 있고, 강판 및 탄소섬유 보강 등은 에폭시수지와 콘크리트 간의 선팽창계수 문제로 폐쇄된 단면일지라도 부착에 의문이 제기될 수 있다.

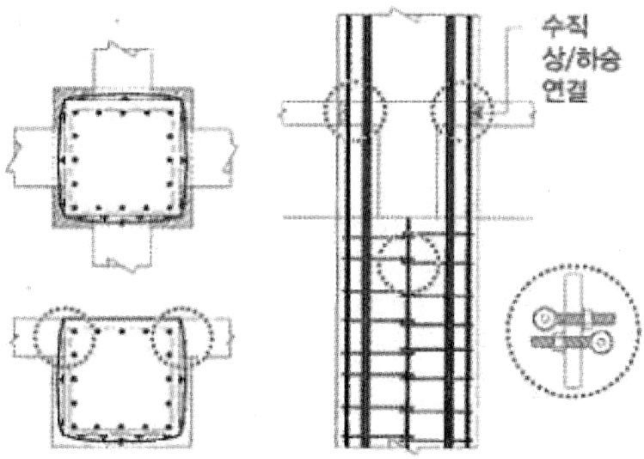

1) 기둥 보강

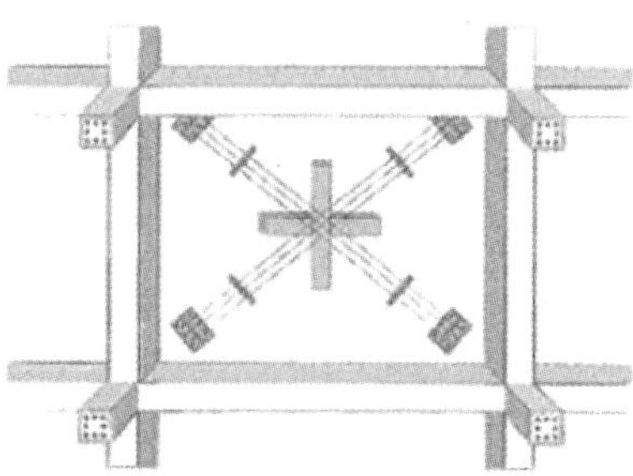

2) 슬래브 보강

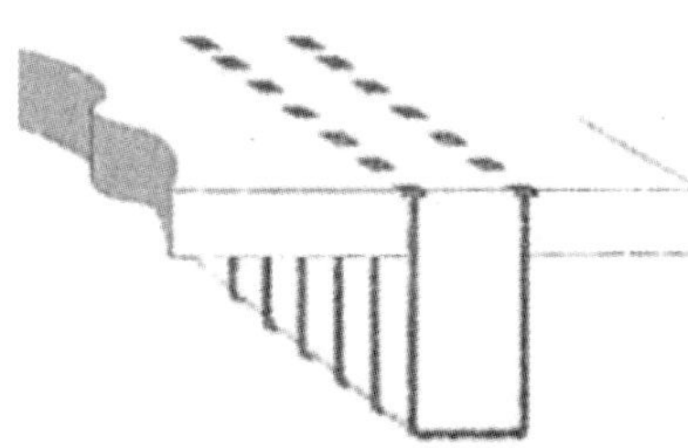

3) 보전단 보강

(출처: 고려 E&C)

[그림 4.4] 각 부재의 보강

따라서 그림 4.4의 1)과 같은 BTBolt tension 공법은 기존 기둥 외부에 T형 강판(또는 철근)을 수직으로 설치하고 사진 4.26과 같은 아이볼트Eye bolt: 동그란 눈 모양의 볼트가 연결된 사진 4.27과 같은 와이어 로프Wire rope: 매우 강한 경강 선재를 소선으로 하여 여러 가닥을 꼬아서 만든 철선로 프리스트레스Pre-stress를 가하여 횡구속하는 방식이다.

(출처: http://itempage3.auction.co.kr)

[사진 4.26] 각종 아이볼트

(출처: http://www.pptoday.co.kr/tag)

[사진 4.27] 각종 와이어 로프

즉 기둥이 힘을 못받아 파괴될 때를 보면 수직방향으로 기둥이 줄어들고 가운데가 옆으로 늘어나면서 파괴되는데, 수직으로 T형강이나 철근을 설치하여 주철근의 좌굴(휘어짐)을 잡아 주고, 일부 수직력을 받아주며 아울러 옆으로 늘어나지 않게 로프로 단단히 조여 프리스트레스를 주게 되면 횡구속이 되어 결국 기둥이 받을 수 있는 힘을 증가시키게 되는 원리이다. 물론 이때 와이어 로프의 구속은 아이볼트의 너트조임을 통한 토크법(너트조임의 세기를 알 수 있는 조임법)으로 정확하게 제어해 주는 것이 중요한데, 이 공법은 이와 같은 제어가 가능하게 되어 있다. 이렇게 보강된 기둥 보강은 압축내력 향상뿐만 아니라 휨 및 전단력도 보강되어 지진 발생 시 내진 성능도 향상시킬 수 있다.

보 및 슬래브 보강

기둥에 연결된 보나 슬래브의 경우는 수평으로 되어 있는 부재로서 기둥의 압축력과 달리 휨 및 전단력을 받게 된다. 따라서 보강을 하게 되는 경우 휨을 보강할지 혹은 전단력을 보강할지에 따라 방법은 달라지게 된다.

먼저, 휨의 경우는 중앙으로 쳐져 내려앉는 경우이다. 이 경우에도 기둥의 보강에 이용되었던 와이어 로프를 이용하여 보의 측면에서 양단부는 상부측에 고정하고 중앙은 하부에 고정하여 늘어뜨리는 식으로 배치한 다음 역시 프리스트레스를 가하여 당겨주게 되면 중앙이 들어 올려지게 되는 식으로 하중과는 반대로 응력이 발생하여 부족한 휨내력을 보강해 주는 것이다.

슬래브의 경우도 마찬가지 원리로 그림 4.4의 2)와 같이 우선 하부 중앙부분에 +자형으로 형강재를 덧대준 후 대각선 모서리에서 중앙으로 와이어 로프를 설치하고 프리스트레스를 도입하면 휨보강이 완료된다.

다음으로는 보의 전단력에 대한 보강인데, 일반적으로 보의 경우는 수평방향으로 설치된 주철근을 갈비대 모양으로 감싸준 늑근이 받쳐주게 된다. 따라서 보의 전단내력이 부족한 경우는 늑근을 설치하여 보강해주게 되는데, 그림 4.4의 3)과 같이 상부층 슬래브에서 구멍을 내어 보를 감싸는 늑근을 추가 배치하여 역시 단단히 조여주는 프리스트레스를 도입하면 전단력에 대하여 저항할 수 있도록 보강해 주는 것이 된다.

그런데 이상에서 설명한 기둥, 보 및 슬래브의 경우 보강한 것이 외부에 노출되어 미관을 해치거나, 혹은 건축물에 화재가 발생하게 되면 철재는 불에 타지 않을지라도 열에 약하여 보강의 효과가 없어지는 문제가 발생할 수 있다. 즉 내화피복이 필요하게 되는데, 이때는 불연재로 감싸는 멤브레인 공법, 내화 페인트, 내화 뿜칠 등 내화피복의 방법도 가능하지만 저렴하고 바람직한 방법은 모르타르 혹은 콘크리트를 타설하여 보강해주는 방법이 있다.

기둥이라면 보강된 기둥 외부에 거푸집을 밀실하게 설치하고, 물처럼 흘러갈 수 있는 고유동 모르타르 혹은 콘크리트를 상부측 기둥 옆의 슬래브에 구멍을 내고 이곳으로 콘크리트를 부어넣어 준다. 보 및 슬래브의 경우도 마찬가지이다. 보의 측면, 하부면 혹은 슬래브 하부면에 거푸집을 설치하고 이번에는 상부층의 보 옆 슬래브에 구멍을 내고 고유동 모르타르 혹은 콘크리트를 부어 넣어주면 깨끗하게 완성되는 것이다.

결 언

건설물을 설계할 때에는 언제나 안전율을 고려해야 한다. 또한 시공과정에서는 목표 품질보다 더 향상된 품질을 발휘하도록 노력해야 한다. 그렇게 되면 설계된 목표 연한 내에서 최소한 구조체에 대하여는 보수·보강을 하지 않아도 되는 것이다. 따라서 최우선은 보수·보강을 하지 않아도 될 만큼 양호한 건설물을 구축하는 방법이고, 부득이 보수·보강을 하는 경우라면 헛손질하지 말고 적재적소에 올바른 공법을 도입하도록 노력해야 할 것이다.

13.
건물을 들고, 돌리고

서 언

차량 운행 중 자동차 타이어가 펑크가 나면 잭Jack; 현장 말로 자키으로 차량을 들고, 비상용 타이어로 바꿔 끼워준다. 아주 힘이 센 사람은 승용차를 손으로도 들 수 있겠지만, 그것은 멍청한 일이고, 잭을 이용하면 큰 힘을 들이지 않고 간단히 들어 올릴 수 있다. 그렇다면 만약 건물이 피사의 사탑처럼 기울어져 있으면 이런 건물을 들어 올려 수평지게 할 수는 없을까? 하는 것인데, 본 고에서는 이와 관련한 내용으로 건물을 들고, 돌리는 것에 대하여 고려 ENC 변항용 박사의 공법을 소개해 보고자 한다.

건축물을 들고

광주광역시 서구에 사진 4.28과 같이 준공 10여년 된 바닥면적 800m^{2}에 지하 1층 지상 18층의 144세대가 거주하는 고층 아파트에 관한 것이다. 주변에 아무런 공사가 없었음에도 불구하고 산에서 흘러 내려오는 경사진 지반으로 말미암아 산 하부쪽으로 부동침하가 발생하였다. 기울기는 1/60 정도로써 상태 평가에 의하면 D등급으로 실내의 경우는 거실에서 골프공을 중앙에 놓으면 한쪽으로 굴러 내려가고, 문이나 창문의 여닫음이 곤란한 상황이 발생하였다. 상황이 이렇다 보니 집값은 형편없이 하락했는데도 불구하고 사려고 하는 사람은 없는 실정이었다.

계산을 해보니 기울어진 아파트의 무게는 24,000 ton이었다. 따라서 1개가 50ton을 받는 잭으로 전체 무게를 나누면, 24,000/50 = 480이므로 480개의 잭을 동시에 작동시키면 건물을 들 수 있는 계산이다. 따라서 실제는 건축물 기초판에 구멍을 내는 보링으로 지름 216mm(ϕ216) 강관말뚝을 하중이 내려오는 벽 주위에 기초판의 반력으로 말뚝을 하나씩 하나씩 순차적으로 474본을 박았다. 이번에는 474본에 동시에 유압잭을 가동하게 되니 건물이 뜨게 되는데, 침하된 부분에 더 많은 유압을 보내 가라앉은 만큼을 들어 수평을 유지하도록 한 다음, 이번에는 강관말뚝을 기초판에 고정시킨다. 최종적으로 보링한 구멍을 메우는 등 마무리하면 땅에 기초판이 닿아 아파트를 지지하던 직접기초 구조가 말뚝이 힘을 받아 아파트를 떠받치는 말뚝구조로 바뀌면서 건축물은 안정된 상태를 유지하여 결국, D등급이던 아파트가 B등급으로 변화하게 되었다.

(출처: 고려 E&C)

[사진 4.28] 침하를 일으킨 아파트

특징적인 것은 강관말뚝을 박는 것이 지하 1층의 지하실에서 유압으로 박는 것이므로 무진동, 무소음, 무분진이 가능하게 되었고, 또한 아파트 입주민들이 거주하면서도 기울어진 건물이 어느 날 하루 만에 수평이 유지되게 수리되었는데, 이제는 거실 한가운데에 골프공을 놓아도 제자리에 있고, 문이며 창문도 처음 건설할 때처럼 원활하게 여닫음이 가능하게 되었고, 물론 떨어졌던 집값도 다시 원위치로 회복되었다. 결국 이 방법이라면 그 유명한 피사의 사탑도 바로 세울 수 있을 것이다.

물론 이전에는 건물이 부동침하를 일으키는 것을 감지하고 1m 두께이었던 기초판에 기울어진 맨 끝 세대는 3m, 다음의 두 번째 세대는 2m로 시멘트 풀을 넣어주는 방식으로 지반을 보강하였지만, 이것은 아무런 효과 없이 건물에 무게만 증가시켰을 뿐이었는데, 결국 잘못된 처방은 무의미한 결과 혹은 오히려 건축물에 해를 주는 결과를 초래하게 되었다.

이 공법의 추가적인 전개로서 한쪽으로 기울어진 부동침하의 복원 이외에도 기본적으로 건물의 기초시스템을 바꾸어 건물을 들어놓은 상태이므로 건물을 들어놓은 상태에서 지하층 땅을 파게 되면 지하층의 증축도 가능하다. 즉 오래된 건축물의 경우 차량이 많아지면서 주차장이 부족한 경우가 많은데, 이 경우 건물은 그대로 사용하면서 지하 주차장을 만들 수도 있다. 또한, 건축물을 들고 있으므로 이것을 더 올리게 되면 지상층의 증축도 가능하다. 물론 어느 한 층의 기둥을 모두 자르고 층고를 낮추거나 높이는 것도 가능하다. 이 공법은 건물을 지상에서 만들고 땅 밑으로 가라앉히는 것도 가능하다.

건물을 돌리고

충북 청주에 사진 4.29와 같은 4층의 철근 콘크리트 상가건물이 있는데, 착공 시 측량을 잘못하여 한쪽으로 450mm 틀어져 인근 대지를 침범한 상태였다. 처음 공사 중에는 몰랐으나 도로가 생기고 인근에 건축물이 건축되다 보니 골조는 완성되었는데 이미 틀어진 상태인 것을 알게 됨으로써 난감한 지경이었다. 신축 중인 건축물을 자를 수도 없고, 헐고 새로 지을 수도 없는 상황이었다.

[사진 4.29] 틀어진 건축물

따라서 고려 ENC에서는 이 건물의 회전에 관한 용역을 수주하고 착공에 들어갔다. 먼저 기초판을 이용하여 <건축물을 들고>에서 언급한 것처럼 사진 4.29와 같이 강관 말뚝을 이용하여 들어 올린다. 일반적으로 들어 올리는 높이는 소규모로 작게 들어 올리지만, 기초에 롤러Roller를 설치하려고 하니 기초 하부에 사람이 들어갈 수 있도록 700mm 정도를 들어 올렸다. 그리고 사진 4.30과 같이 지반침하를 방지하기 위해 철판을 깔고 철판 위에 롤러 역할을 하는 원형 강관을 깐 다음 다시 그 위에 철판을 깔아주고 들어 올렸던 건물을 내려놓는다. 이번에는 이동하려는 반대쪽에 반력벽을 설치한 다음 잭을 설치하고, 박았던 강관말뚝을 회전중심이 되는 1개를 제외하고 모두 제거한 후 유압을 작동시켜 잭을 수평방향으로 밀게 되면 건물이 회전중심 말뚝을 따라 회전하게 된다. 450mm를 정확하게 회전하게 되면 이번에는 다시 말뚝을 박아 건물을 들어 올린 다음 철판과 롤러를 제거한 후 다시 내려놓는다. 사진 4.31과 같이 건물이 450mm 회전되어 문제는 완벽하게 해결되었다. 이와 같은 원리를 유사하게 이용하면 건물을 원하는 방향으로 이동시키는 것도 가능하다.

[사진 4.30] 건물을 들고 롤러 설치

결 언

이상에서 소개한 바와 같이 사용 중인 건축물에 침하 등의 문제가 있거나 건축주의 필요에 따른 증축·보수·층고 조절·회전·이동 등이 요구될 경우에는 잭의 힘이나 롤러 등을 효과적으로 이용하면 얼마든지 가능하다. 따라서 보수·보강 및 변경이 필요한 건축물에 대하여 잘못된 보수·보강이나 헐어버리고 다시 짓는 누를 범하지 않도록 하는 것이 유능한 기술자의 덕목이 아닌가 싶다.

[사진 4.31] 완성된 모습